黄鳝
养殖实用技术

HUANGSHAN YANGZHI SHIYONG JISHU

丁 雷 王雪鹏 主编

中国科学技术出版社
·北 京·

图书在版编目（CIP）数据

黄鳝养殖实用技术 / 丁雷，王雪鹏主编 . —北京：
中国科学技术出版社，2017.8
ISBN 978-7-5046-7628-3

I.①黄… II.①丁… ②王… III.①黄鳝属—淡水养殖
IV.① S966.4

中国版本图书馆 CIP 数据核字（2017）第 188864 号

策划编辑	王绍昱
责任编辑	王绍昱
装帧设计	中文天地
责任印制	徐　飞

出　　版	中国科学技术出版社
发　　行	中国科学技术出版社发行部
地　　址	北京市海淀区中关村南大街16号
邮　　编	100081
发行电话	010-62173865
传　　真	010-62173081
网　　址	http://www.cspbooks.com.cn

开　　本	889mm×1194mm　1/32
字　　数	110千字
印　　张	6.125
版　　次	2017年8月第1版
印　　次	2017年8月第1次印刷
印　　刷	北京威远印刷有限公司
书　　号	ISBN 978-7-5046-7628-3 / S·672
定　　价	22.00元

本书编委会

主　编

丁　雷　王雪鹏

副主编

闫茂仓　侯正大　宋憬愚

编著者

王　慧　陈红菊　季相山

赵　燕　于兰萍

Preface 前言

　　黄鳝是我国传统的出口水产品之一，一直以来，黄鳝以其口味鲜美、营养价值丰富、药用价值较高，受到我国及周边各国人民的喜爱。民间有"夏吃一条鳝、冬吃一枝参""小暑黄鳝赛人参"的说法。在国内和国际市场需求量都很大，其价格高且稳定。黄鳝的市场前景为大多数业内人士看好。

　　在我国，黄鳝的自然资源原本非常丰富，然而，随着国内外市场对黄鳝的需求大幅度上升，捕捞强度的不断加大，野生黄鳝资源已日见匮乏，天然捕捉的黄鳝数量越来越少、个体越来越小。单纯靠捕捞自然水域的黄鳝已远远不能满足国内外市场的需求，大力发展黄鳝养殖业成为解决问题的必经之路。

　　21世纪初，许多大专院校、水产科研院所及生产单位对黄鳝生物学特性、人工繁殖技术和全人工养殖技术做了大量的探索研究，为黄鳝的人工养殖开辟了新局面。特别在长江流域和珠江流域盛产黄鳝的地区，生产者利用各种水体饲养或暂养黄鳝，出现了多种养殖形式，我国的黄鳝养殖业已开始向集约化、规模化、商品化的方向发展。近几年的养殖实践证明，黄鳝养殖具有方法简便、占地面积少、饲料来源广、养殖周期短、市场价值高、见效快、经济效益显著等特点，是农村致富的较理想的"短、平、快"项目之一。

　　笔者根据多年的养殖和研究实践，在查阅大量专业文献的基础上，编写了本书，希望能为广大农民朋友介绍一项致富技能，也为黄鳝养殖技术的推广略尽绵薄之力。

编　著　者

Contents **目 录**

第一章
黄鳝的经济价值

一直以来，黄鳝以其口味鲜美、营养价值丰富、药用价值较高，受到我国及周边各国人民的喜爱。黄鳝养殖目前在我国方兴未艾，其养殖价值主要体现在营养价值、药用价值和市场前景三方面。

一、黄鳝的营养价值

黄鳝具有很高的营养价值，其肉质细嫩、味美刺少、营养丰富，而且别具风味。经测定，每百克黄鳝可食部分热量为 376 焦（90 大卡），其中含蛋白质 18.8 克，脂肪 0.9～1.2 克，钙 42 毫克，磷 150 毫克，钾 263 毫克，铁 1.6 毫克，硒 34.56 微克，维生素 A5 000 国际单位，维生素 B_1（硫胺素）0.06 毫克，维生素 B_2（核黄素）0.98 毫克，维生素 PP（烟酸）3.7 毫克。在 30 多种常见的淡水鱼类中，黄鳝的蛋白质含量位居第三，钙和铁的含量居首位。黄鳝是一种高蛋白、低脂肪的食物，是中老年人理想的滋补品。黄鳝可食部分达 65% 以上，可做成多种佳肴美味，如红烧鳝片、油溜鳝片、油卤鳝松和鳝鱼火锅等，深受群众欢迎。

黄鳝的脂肪中富含卵磷脂。它是构成人体各器官、组织细胞膜的主要成分，而且是脑细胞不可缺少的营养，具有降低血脂，改善血液循环，抑制血小板聚集，防治动脉粥样硬化，预防血栓形成，提高大脑活力、视力，延缓衰老等作用。根据美国试验研究资料，经常摄取卵磷脂，记忆力可以提高 20%。故食用鳝鱼有补脑健身的功效。国内外学者研究证明，黄鳝中含有丰富的二十二碳六烯酸（DHA）和二十碳五烯酸（EPA），这两种物质不仅使人的头脑聪明，而且是很重要的营养保健物质，具有抑制心血管病和抗癌、消炎的作用。

黄鳝不仅被当作名菜用来款待客人，还能活运出口，畅销国外，更有冰冻鳝鱼远销美洲等地。黄鳝一年四季均产，但以小暑前后者最佳，民间有"夏吃一条鳝、冬吃一枝参""小暑黄鳝赛人参"的说法。这与日本素有三伏天吃烤鳝鱼片的习俗相一致。

二、黄鳝的药用价值

黄鳝不仅为席上佳肴，其肉、血、头、皮均有一定的药用价值。黄鳝所含的特种物质"鳝鱼素"，有清热解毒、凉血止痛、祛风消肿、润肠止血等功效，能降低血糖和调节血糖，对痔疮、糖尿病有较好的治疗作用，加之所含脂肪极少，因而是糖尿病患者的理想食品。

黄鳝的维生素 A 含量高得惊人。维生素 A 可以增进视力，促进皮膜的新陈代谢。对于眼病患者，多食鳝鱼是大有益处的。因此有人说"鳝鱼是眼药"。少年儿童多吃鳝鱼，可预防或治疗近视眼病。此外黄鳝还含有维生素 B_1、维生素 B_2、维生素 PP、维生素 C（抗坏血酸）等多种维生素。

据我国中医药文献记载，黄鳝有补血、补气、消炎、消毒、除风湿等功效。黄鳝肉性味甘、温，有补中益血，治虚损之功效，民间用以入药，可治疗虚劳咳嗽、湿热身痒、痔瘘、肠风痔漏、耳聋等症。黄鳝头煅灰，空腹温酒送服，能治妇女乳核硬痛。其骨入药，兼治臁疮，疗效颇显著。其血滴入耳中，能治慢性化脓性中耳炎；滴入鼻中可治鼻衄（鼻出血）；特别是外用时能治口眼歪斜，颜面神经麻痹。

常吃鳝鱼有很强的补益功能，癌症病人无论是手术还是化疗后，只要是身体虚弱者，都可以食用黄鳝。在古代的医案中，就常有虚劳症者吃黄鳝痊愈的。癌症病人常有的一些症状，如发热、头痛、眩晕、舌苔较腻等，正好可以利用黄鳝的除风湿功用。凡有腰酸、背痛、下肢无力等症状者，常吃黄鳝可达到强筋骨的目的。患肠癌的病人，常吃黄鳝可以治疗便血。民间有人治疗便血，就是用黄鳝在火上焙成末，拌以红糖服用。《本草拾遗》载，黄鳝"主湿痹气，补虚损，妇人产后淋沥，血气不调，羸瘦，止血，除腹中冷气肠鸣"，特别适用于身体虚弱、病后以及产后体虚的妇女。鳝血有补气养血、温阳健脾、滋补肝肾、祛风通络等医疗保健功能，入药可治疗口眼歪斜、耳疼。《本草求原》记载："鳝鱼有黄青二种，黄者俗名黄鳝，青者俗名藤鳝，风鳝，甘温小毒，善穿深潭，冬寒穴里始得，治疳痢、腰背脚湿风、五痔、肠风、下血、带下、阴疮。孕妇忌。白鳝，味亦美，然生痰滑精。"

以上这些功效，在我国古代的医药学著作，如《食疗本草》（唐）、《本草纲目》（明）、《本草求真》（清）等书籍中，均有记载。

鳝鱼血清有毒，人误食会对口腔、消化道黏膜产生刺激作用，严重的会损害神经系统，使四肢麻木、呼吸和循环功能衰竭而死亡。但毒素不耐热，能被胃液和加热所破坏，一般煮熟食用不会发生中毒。民间用鳝血治病，是否为血中毒素的作用所致，尚待深入研究。

由于黄鳝的蛋白质中含有很多组氨酸，一旦死后组氨酸很快就会转化为一种有毒物质——组胺，因此，不能食用死黄鳝。

三、黄鳝的市场前景和养殖效益

黄鳝是我国传统的出口水产品之一，近年来在国内和国际市场需求量不断上升，其价格也越来越高。20 世纪 80 年代，我国年出口黄鳝 800 吨。到 90 年代逐渐上升至 1 000 多吨，最高达 2 000 多吨。近几年供不应求，货源不足，出口量减少。在日本市场上，黄鳝的价格曾一度比鳗鱼还贵。在国内，随着人们生活水平的提高，对黄鳝的需求量也不断增加，其价格也出现较大幅度上涨。全国的鳝鱼价格已涨到 60 元 / 千克左右。2013 年 1 月 23 日，全国各地水产批发市场，黄鳝（小于 300 克）最高价格为 67 元 / 千克，最低价格为 47 元 / 千克。表 1-1 列出了 2016 年 11 月 4 日我国部分地区黄鳝的价格。由表中可见，黄鳝的价格近几年稳中有升。因此，黄鳝的市场前景为大多数业内人士看好。

表 1-1　2016 年 11 月 4 日各地市场黄鳝价格　（元 / 千克）

批发市场	最高价	最低价	大宗价
湖北洪湖农贸市场	62	58	60
山东威海水产市场	80	70	75
新疆北园春水产市场	60	50	55
江苏凌家塘水产市场	66	54	60
苏州南环桥水产市场	70	46	58
北京八里桥水产市场	56	50	53
北京岳各庄水产市场	70	40	55
北京大洋路水产市场	42	38	40
北京新发地水产市场	80	40	60
北京城北回龙观水产市场	70	46	58
河南万邦国际水产市场	53	47	50
江西九江浔阳水产市场	66	40	53
河南周口黄淮农产品市场	50	40	45

我国的黄鳝自然资源原本非常丰富，过去无论出口或内销，主要依靠天然捕捉的黄鳝。然而，随着捕捞强度不断加大，野生黄鳝资源已日见匮乏，天然捕捉的黄鳝个体越来越小，数量越来越少。单纯依靠捕捞自然水域的黄鳝

已远远不能满足国内外市场需求，大力发展黄鳝养殖业已成为必然之举。

20 世纪 80 年代，山东、安徽、江苏、湖南、湖北、四川等地区涌现出大批养鳝个体户，虽然养殖规模不大，但总体产量较高。然而，后来大都放弃养鳝，这是为什么呢？主要是黄鳝的苗种有限、配套饵料不足和病害防治等技术问题尚未解决。21 世纪初，国内许多大专院校、水产科研院所及生产单位对黄鳝的生物学特性、人工繁殖技术和全人工养殖技术开展了大规模的研究探索，为黄鳝的人工养殖开辟了新局面。特别在长江流域和珠江流域地区，许多个体户、合作社与科研机构合作，利用各种水体养殖黄鳝，发展了多种养殖形式，如稻田养鳝、网箱养鳝、水泥池养鳝及农村的坑塘养鳝、庭院养鳝、无土流水养鳝、鳝蚓合养、鳝鳅合养等，虽然个体养殖规模依旧不大，但遍及农村、城乡，其总面积和产量相当可观。

目前，随着市场消费的需求，农副水产品结构的调整，我国黄鳝的养殖业已开始向集约化、规模化、商品化的方向发展。近几年的人工养殖实践证明，黄鳝养殖具有操作简便、占地面积少、饲料来源广、养殖周期短、市场价值高、见效快、经济效益显著等特点，是农村致富的较理想的"短、平、快"项目之一。

第二章
黄鳝的形态特征和生态习性

一、黄鳝的形态特征

黄鳝，俗称鳝鱼、长鱼、蛇鱼、血鳝、鳠鱼、罗鳝、无鳞公子等，属于脊索动物门、硬骨鱼纲、合鳃目、合鳃科、黄鳝属。有报道称，我国分布两种黄鳝属鱼类，一种即为常见的黄鳝；还有一种为山黄鳝，目前只在云南陇川县有分布，国内其他地区没有分布。

黄鳝身体细长，呈蛇形，体前部浑圆，后部稍侧扁，尾短而尖。头大，长而圆，锥形，吻尖。口大，端位，上颌稍突出，唇颇发达。上下颌及口盖骨上都有细齿。眼小，为一薄皮所覆盖。左右鳃孔于腹面合而为一，呈"V"字形。鳃膜连于鳃峡。体表一般覆有润滑液体，便于逃逸，全体裸露无鳞。无胸鳍和腹鳍；背鳍和臀鳍退化仅留皮褶，无软刺，都与尾鳍相联合。

黄鳝一般体长 25～40 厘米，最大体长可达 70 厘米，最大体重可达 1.5 千克。

正常的黄鳝，体色大多是黄褐色、微黄或深黄，有黑褐色斑点。由于环境和地域的不同，目前市场上还有土红色、青灰色和灰色等不同体色的黄鳝。

二、黄鳝的生态习性

（一）分　布

黄鳝属温带、亚热带鱼类，广泛分布于亚洲东部及南部。在我国，除西部高原外，黄鳝广泛分布于各地的湖泊、河流、水库、池沼、沟渠等水体中，特别是珠江流域和长江流域，更是盛产黄鳝。在国外，黄鳝分布于朝鲜西部、日本南部、菲律宾、缅甸、泰国、印度尼西亚、印度等地。

（二）生活习性

黄鳝营底栖生活，适应能力强，在河道、湖泊、池塘、沟渠及稻田中都能生存。除了具有一般鱼类的特性外，黄鳝还具有一些特殊的生活习性。

1. 洞穴生活　黄鳝在多腐殖质的淤泥中钻洞或在堤岸有水的石缝中穴居，也利用漂浮在水面的水草丛作为栖息场所。白天很少活动，夜间出穴觅食。黄鳝的穴洞是用头钻成的，其内弯曲多叉，每个洞穴都有 2 个或更多的洞口，洞口一般相距 60～90 厘米。一个洞口在水中，供外出觅食或作临时的退路；另一个洞口通常离水面 10～30 厘米，便于黄鳝在洞中呼吸。在水位变动较大的水体中，黄鳝有时会挖 4～5 个洞口，以备水位变动时使用。

2. 喜暗怕光　黄鳝营底栖生活，眼睛极度退化，并被皮膜覆盖，视觉极不发达，只能稍稍感光，因此喜暗怕光，昼伏夜出。白天很少活动，往往在水草丛中、泥洞或石缝间休息，夜晚则趴伏在泥洞口或出洞觅食。觅食时，黄鳝主要依靠灵敏的嗅觉和皮肤触觉寻找食物。黄鳝在夜晚觅食期间，一旦感知光线，就会一动不动。根据黄鳝的这一特点，渔民常常会在夜间照捕黄鳝。

3. 喜暖怕寒　黄鳝属温带、亚热带鱼类，最适合生长的温度是 24～28℃。一般当水温低于 10℃时，黄鳝就会停止摄食，钻入洞穴中越冬，不吃不喝达数月之久；当水温回升到 10℃以上时，恢复觅食生长。而当水温高于 32℃时，大部分黄鳝也会停止摄食，藏于洞穴中。

4. 耐低氧能力强　黄鳝的鳃极度退化，因此呼吸水中溶氧的能力大大降低，其主要呼吸方式是借助口腔及喉腔的内壁表皮作为呼吸的辅助器官，直接呼吸空气。如果水中溶氧丰富，黄鳝也可依靠口咽腔呼吸水中溶氧，当水中含氧量十分贫乏时，也能生存。出水后，只要保持皮肤湿润，数日内亦不会死亡。因此，黄鳝耐低氧能力远远强于一般鱼类，其对溶解氧的要求为 2 毫克/升。黄鳝因其耐低氧能力强，特别适于长途运输和高密度养殖。但在养殖水体中，当水位过高时，黄鳝长期无法将头部伸出水面呼吸，时间长了就会闷死。因此，养鳝池塘一般水位保持 10～20 厘米为宜。

（三）食　性

黄鳝是偏动物性食性的杂食性鱼，喜欢吃活饵料，食性贪婪，一次摄食量大，但当食物缺乏时，数十天不食也不会死亡，耐饥饿能力较强。在天然水域中，黄鳝的不同生长发育阶段，其食物组成也不同：鳝苗阶段，其主要食物以原生动物、轮虫、枝角类、桡足类等小型浮游动物为主，也摄食一些浮游植物，如硅藻、黄藻、绿藻、裸藻等；幼鳝阶段，其生活逐渐转为底栖，因此食物组成也逐渐转变为各种水陆生蠕虫、昆虫及其幼虫，如水丝蚓、摇蚊幼虫以及各种蜻蜓幼虫或动物卵；成鳝阶段，黄鳝已经成长为贪食的肉食动物，主要食物包括各种小鱼、小虾、水陆生蚯蚓、昆虫及其幼体、幼蛙等。

在人工养殖条件下，其食谱更广，可投喂各种螺蚌肉、动物屠宰下脚料、动物内脏、熟动物血、蚕蛹、黄粉虫、蝇蛆、各种小杂鱼虾等动物性饲料，也可投喂各种瓜菜、麸皮、煮熟的麦粒以及配合饲料等。黄鳝摄食主要依靠灵敏的嗅觉和皮肤触觉，因此投喂给黄鳝的食物最好具有较强的膻腥气味，以便于黄鳝摄食。

自然条件下，黄鳝一般昼伏夜出，晚上才出洞觅食，而且觅食时也是独来独往，较分散。因此，没有经过驯化的黄鳝，在养殖时要夜晚投食，而且食物要尽量均匀撒在池塘中。有经验的养殖户可以通过驯食将黄鳝的摄食时间改为白天。

黄鳝是凶猛的肉食性鱼类，在高密度人工养殖时，如果饵料投喂不足，会引起其自相残杀或争食，导致不必要的损伤。因此，高密度养殖黄鳝时，必须按大小分档，分池饲养。

（四）繁殖习性

黄鳝雌雄异体，但在个体发育中，具有性逆转的特性，即从胚胎期到初次性成熟时都是雌性，产卵后卵巢逐渐变为精巢而成为终生雄性。因此，体长在25厘米以下的黄鳝个体绝大多数为雌性；体长在25～45厘米时，部分性逆转，雌雄个体均有；成长至45厘米以上者，则绝大多数为雄性。黄鳝1龄的雌鱼就可达到性成熟。黄鳝的怀卵量最低200粒左右，最高可达1000粒左右，通常为300～800粒，具体怀卵量与黄鳝的年龄、体重、营养状况及产地密切相关。

黄鳝每年繁殖季节为5～8月，繁殖盛期为6～7月。繁殖前，亲鳝先在泥埂边钻一个繁殖洞。繁殖洞与穴居洞不同，洞穴的结构比较复杂，可分前洞、后洞和岔洞，出洞口有3～4个。洞口通常开于田埂的隐蔽处，洞口下缘2/3没于水中。在水田中央的洞，距地面垂直深度3～4厘米，并向横向发展。前洞比较宽阔，用于产卵，洞的上下距离约4.5厘米，横向距离可达10厘米，前洞的长度为亲鳝体长的1～5倍。后洞细长，长为亲鳝体长的3～4倍。洞口常开在埂边隐蔽的地方，洞口下缘没入水中。

产卵前，亲鳝会吐出泡沫筑巢，然后雌鳝将卵产于巢上，随之雄鳝在卵上排精，卵在泡沫中受精孵化，这样可以大大提高卵的受精率和孵化率。这是因为：一是泡沫能有效保护卵，避免其被敌害生物发现破坏或吞食；二是泡沫能延长精子的寿命，明显增加受精概率和时间，提高受精率；三是泡沫能增加受精卵的浮力，使受精卵漂浮于水面，保证孵化期间有充足的溶氧和较高的水温，提高孵化率。

雌雄亲鳝完成产卵受精后，雌鳝一般会马上离开繁殖洞，而雄鳝则有护卵的习性，会一直守护在泡沫巢旁，直到仔鳝出膜数天后卵黄囊消失，能自由游泳摄食。在此期间，雄鳝十分敬业，即使受到惊吓也不会离开，甚至还会奋力攻击来犯者。繁殖结束，产卵的洞穴不再利用，另辟新洞或利用其他洞穴。

黄鳝的胚胎发育最适温度为21～28℃。同大多数鱼类的胚胎发育时间相比，黄鳝受精卵的胚胎发育时间较长，一般需5～11天。在适宜水温中，胚胎发育时间随温度的增加而缩短。一般水温28℃左右时，5～7天仔鳝出膜。孵化期间，要求水温稳定，溶氧充足。在自然水域中，正常情况下，黄鳝卵的受精率和孵化率可达到95%左右。刚刚出膜的仔鳝个体大，对环境的耐受力较强。在室内静水中的仔鳝，不摄食也能存活2个月之久。

第三章

黄鳝的繁殖

目前，国内黄鳝的繁殖有自然繁殖和人工繁殖2种方法，人工繁殖的主要方式也有2种：即生态（半人工）繁殖和全人工繁殖。

自然繁殖，技术简单，容易实行，缺点是产卵不集中，繁殖时间长，不利于集中生产。生态繁殖，对亲鳝损伤少，可重复利用亲鳝，技术相对简单，而且受精率和孵化率都较高。全人工繁殖，技术复杂，人工授精时要杀死亲鳝，亲鳝不能重复利用，再者目前其受精率和孵化率也有待提高。因此，目前国内养殖户多采用生态繁殖。

一、影响黄鳝繁殖的因素

（一）亲鳝的品系和个体大小

目前，国内报道的黄鳝自然种群中，常见的有深黄色大斑鳝、土红色大斑鳝、浅黄细斑鳝（青黄斑鳝）、青斑鳝和灰色黄鳝5个品系。深黄色大斑鳝和土红色大斑鳝背部体色深黄或土红色，全身布满不规则褐黑色大斑点，且排列成线，形成 3 条由较大斑点排列成的线，腹部花纹较浅；浅黄细斑鳝背部体色浅黄，全身分布着不规则的褐黑色细密的小斑点，腹部花纹较浅；青斑鳝体色呈青灰色，身上有褐黑色细密斑纹；灰色黄鳝体表泥灰色，背部体表花纹不明显.腹部布满花纹且颜色较深。

深黄色大斑鳝和土红色大斑鳝是国家行业标准《无公害食品　黄鳝养殖技术规范》（NY／T 5169—2002）推荐养殖的黄鳝，在人工养殖条件下，其增重倍数可达 4～5 倍，且怀卵量高，容易适应人工环境。其他鳝种生长速度慢，怀卵量低，不宜适应人工环境，也不适宜进行人工繁殖。

亲鳝的个体大小也是决定繁殖力的重要因素。黄鳝个体怀卵量在 353～2 084 粒间，不同体长、体重的个体，怀卵量不同。随着个体的增大，其怀卵量增加。

（二）水　温

自然环境中，黄鳝的繁殖期为每年的 5～8 月，繁殖盛期 6～7 月。一定的范围内升高温度可以促进性腺的发育，17℃较 12℃长期培育亲鳝，其性腺系数、卵径、绝对怀卵量、相对怀卵量均显著提高。在黄鳝繁殖盛期，稻田黄鳝产卵地的水深为 13.70～14.63 厘米，洞内水温 24.7～30.8℃，且在一定的时期保持恒定。实践证明，水温在 25～28℃时，雌鳝性腺发育度较好；水温 26℃以上时，雄鳝性腺发育度趋好。因此，黄鳝的最佳繁殖水温应为 26～28℃。

黄鳝的胚胎发育最适温度为 21～28℃。同大多数鱼类的胚胎发育时间相比，黄鳝受精卵的胚胎发育时间较长，一般需 5～11 天。在适宜水温中，胚胎发育时间随温度的增加而缩短。一般水温 26～28℃时，6～7 天仔鳝出膜；水温 28℃左右时，5～7 天仔鳝出膜，最长时间可达 9～11 天。孵化期间，要求水温稳定。

（三）酸 碱 度

自然水域中，黄鳝繁殖前，亲鳝先挖繁殖洞。繁殖洞穴泥土 pH 值范围在 5.6～8.2 之间，其平均值为 6.73 ± 1.012，在 6.1～7.2 范围之内的占 50%。表明黄鳝产卵繁殖地的泥土接近中性或偏酸性。另外，分别实测得到黄鳝繁殖洞的水的 pH 值范围为 5.5～7.0。进一步表明黄鳝产卵对水的 pH 值要求也是中性或偏酸性。

（四）营养状况

亲鳝怀卵量的大小、产卵率、卵的质量和受精率都取决于亲鳝性腺成熟度，而亲鳝的性腺成熟度除水温的影响外，亲鳝的营养状况是另一个关键因素。黄鳝是偏肉食的杂食性鱼类，对饵料的要求较高。亲鳝饵料蛋白质水平为 40% 时，能显著提高亲鳝卵的孵化率以及所孵仔鱼的生长速度和成活率。

如果雌鳝饲料中缺乏维生素 E，卵巢中肝蛋白（超氧化物歧化酶，SOD）活性较高，会引发卵子脂质过氧化；丙二醛（MDA）含量显著提高，导致卵质低下，从而影响了卵子孵化。饲料中添加维生素 E（200～350 毫克 / 千克）

能显著提高亲鳝繁殖期的性腺系数、产卵力、孵化率和仔鱼质量。雌鳝饲料中维生素E最适添加量为200毫克/千克。

二氢吡啶具有抗氧化作用，可防止脂质的氧化酸败，显著降低亲鳝卵巢、肝脏以及肌肉各组织中肝蛋白活性和丙二醛含量。饵料中添加150毫克/千克二氢吡啶，亲鳝的性成熟系数、绝对怀卵量、受精卵孵化率明显提高。

（五）放养密度和性别比例

黄鳝在高密度群栖状况下，一般不会产卵。黄鳝群体密度一旦超过10尾/米^{2}左右，就会抑制繁殖；而群体密度一旦降到3尾/米^{2}左右，黄鳝就大量吐出泡沫或迅速产卵。这就是人工高密度养殖的黄鳝不会产卵的症结所在。

放养亲鳝的雌雄比例也决定了亲鳝的产卵效率。自然条件下，繁殖季节黄鳝在整个生殖时期是雌多于雄，生态繁殖中亲鳝雌雄比例宜为1～1.5∶1。许多研究表明，雌雄2～3∶1的性别比例应该是较为合理的。

放养密度和性别比例两种因素比较，放养密度对亲鳝繁殖的影响更为直接，是影响黄鳝自然产卵的关键因素。

（六）生态环境

生态环境对黄鳝的繁殖影响也较大。亲鳝出于护卵、护仔的天性，除要求繁殖环境安静、饵料充足等条件外，对其产卵的场所有特殊的要求。繁殖池要求有泥底，便于黄鳝挖繁殖洞。用人工鱼巢代替泥底，用于黄鳝产卵也取得了不错的效果。另外，黄鳝胆小怕惊，因此产卵池要移植多量水草，遮蔽繁殖洞或人工鱼巢，给黄鳝创造类似自然环境的产卵场所。泥底或人工鱼巢、移植水草在黄鳝生态繁殖中至关重要，不可或缺。

二、亲鳝的准备

亲鳝的选择和强化培育是黄鳝人工繁殖成败的关键。

（一）亲鳝的选择

1. 亲鳝的来源　主要有三种途径：一是自己培养达到性成熟的雌鳝和已完成性逆转的雄鳝；二是从湖泊、沟渠、稻田等自然水域捕来的野生鳝；三是从市场上购买性成熟的黄鳝。

有条件的养殖户最好自己培育亲鳝，这样得到的亲鳝无论从质量上还是数量上都能得到保证，也不会带来新的传染病。从外界捕捉和购买的亲鳝也很重要，可以避免黄鳝近亲繁殖。由于黄鳝会呼吸空气，运输容易，所以夏秋季节都可捕捉。夏季捕捉的黄鳝进入养殖场后，有较长的适应期，饵料来源广，鲜活饵料多，性腺发育充分，对人工催产有利。但夏季水温高，黄鳝在捕捉和运输过程中常因剧烈挣扎而受伤，最好采用笼捕法。晚秋捕捉的黄鳝受伤较少，但进入养殖场后，很快就到了冬季，适应时间短，而且由于野外食物供应不足，常常处于半饥饿状态，性腺发育不够好，对催产不利。因此，第二年春天强化培育十分重要。秋季捕捉黄鳝可采用笼捕、抄网捕或手捕。

2. 亲鳝的雌雄鉴别　黄鳝属于雌雄异体，但在生长发育过程中有"性逆转"现象。即刚出膜的黄鳝都是雌性，第一次产卵繁殖后慢慢转化为雄性。鉴别黄鳝雌雄可以依据以下方法（图 3-1）：

（1）根据体长　处于非产卵期的黄鳝根据外形很难鉴别雌雄，可以根据体长鉴别：湖南省野生黄鳝，一般全长 24 厘米以下的个体，均为雌性；全长 24～30 厘米的个体，雄性占 5.2%；全长 30～36 厘米的个体，雄性占 41.3%；全长 36～42 厘米的个体，雄性占 90.7%；全长 50 厘米以上的则全为雄性。不同省份，雌雄黄鳝体长有差异（表 3-1）。

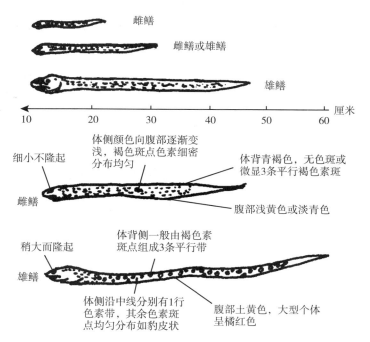

图 3-1　黄鳝的雌雄鉴别

表 3-1　不同地区雌雄黄鳝体长

地　区	全雌最小体长（厘米）	雌性最大体长（厘米）	雄性最小体长（厘米）
四　川	<30		>30
湖　北	<20	52.9	>20
湖　南	<24	50	>20
重　庆	<20		>20
江　苏	>36	54	>36
烟台、威海	>40	65	41.5
天　津	<40	74	>40

（2）**根据色泽**　雌黄鳝头部细小，不隆起，背部没有斑纹花点，有的时候能看见 3 条平行的褐色素斑；身体两侧从上到下颜色逐渐变浅，褐色斑点细密而且分布均匀；腹部呈浅黄色或淡青色。

雄黄鳝头部相对较大，稍微鼓起，背部一般由褐色斑点形成 3 条平行的带状纹，身体两侧沿中线分别可见 1 行色素带，其余的色素斑点均匀分布；腹部呈土黄色，大型个体呈橘红色。

（3）**根据形态**　处于繁殖期的雌鳝，腹部肌肉较薄，繁殖时节用手握住，将腹部朝上，能看见肛门前面肿胀，稍微有点透明，显出腹腔内有一条 7～10 厘米长的橘红色（或青色）卵巢，卵巢前端显有紫色脾脏。雌鳝不善于跳跃逃逸，性情较温和。

雄鳝腹部朝上，膨胀不明显，腹腔内的组织器官不突显。解剖腹腔，未成熟的精巢细长，灰白色，表面分布有

色素斑点；性成熟的精巢比原来粗大，表面有形状不一样
的黑色素斑纹。

3. 亲鳝的选择　亲鳝的品系应选择深黄大斑鳝或土红
大斑鳝。

雌鳝最好选择体长 30～40 厘米、重 100 克以上的个
体，腹部膨大，用手摸一下感觉软和、有弹性，其表面颜
色是青灰色略带黄色，中央呈浅橘红色。已经成熟的雌鳝
有一道紫红色的横条纹，腹部皮肤较透明，从外面能见到
卵巢的大概形状，生殖孔也红肿突出。雄鳝最好要选 40 厘
米以上的个体，重 150 克以上；腹部有血丝样的红色斑
纹；生殖孔红肿，用手轻轻地挤压腹部，能挤出一点透
明的精液。

选择亲鳝，体质情况也很重要，直接影响亲鳝的怀卵
量和精、卵的质量。生产上对亲鳝的要求是体质健壮，无
伤无病无残。一般优质亲鳝"两头细，中间鼓"，头较小，
躯干部略粗于头部；色泽鲜亮，斑纹或斑点较清晰；受刺
激后反应灵敏，捕捉时挣扎有力，体表无伤，无寄生虫。
劣质鳝头大尾细，近似锥形，躯干部不及头部粗；色泽灰
暗，斑纹或斑点不清晰；受刺激后反应迟钝，捕捉时挣扎
无力，体表有伤或有寄生虫。

（二）亲鳝的强化培育

1. 培育池的准备　亲鳝培育可以用稻田、水泥池和土
池及网箱等。养鳝稻田和网箱的准备同成鳝养殖，这里重
点讲一下水泥池和土池的准备。

（1）**水泥池的准备** 水泥池面积要根据繁殖规模来确定。一般面积 10～20 米^2，深约 1 米，池底用黄土、沙子和石灰混合物（三合土）夯实后，铺上较松软的壤土或黏土层 20～30 厘米，水深保持 20～50 厘米，水泥池围墙高出水面 60～70 厘米（图 3-2）。池子四周和中央筑起几道土埂，宽约 20 厘米，高出水面稍许，埂上接近水面处种一些挺水植物，池中移植一些水葫芦（又名凤眼莲）、水花生（又名喜旱莲子草）、水浮莲等水生植物，一可以遮阳，二可以净化水质，三是黄鳝喜欢在这些土埂边的草丛下筑巢产卵。

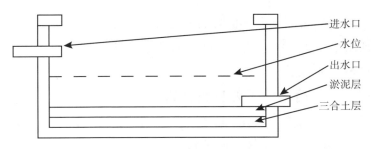

进水口
水位
出水口
淤泥层
三合土层

图 3-2 水泥培育池剖面图

新建水泥池使用前要进行脱碱处理（处理方法见第四章）。使用多年或废弃较长时间的池子用作亲鳝培育池，使用前要严格清整消毒。检查池子是否渗漏，检查进排水设施和防逃网是否完好，发现问题立刻修补；保持泥层 20～30 厘米且池底有一定起伏，不要过于平坦。

放养亲鳝前，池子要进行消毒。消毒药物用生石灰，将生石灰按每平方米 50～100 克，加水化开后，趁热向池底和池壁均匀泼洒。消毒后 7～8 天，加水至 20 厘米深，次日加至 30 厘米深。毒性消失后，可以向池中移植水葫芦、水花生、水浮莲等水生植物，放入亲鳝。

（2）**土池的准备**　土池的面积要根据亲鳝数量选择，亲鳝密度以 3～4 尾／米^{2}为宜，水深保持 1 米，淤泥深 20～25 厘米。进排水方便，水源充足。进水口略高于水面，排水口位于池底的最低处。

亲鳝入池前，池塘要进行清整、消毒、施肥和移植水草。

清整工作包括：检查池子是否渗漏，检查进排水设施和防逃网是否完好，发现问题，立刻修补；清除过多的杂草，排出陈水；如果池底有机质过多或淤泥过厚，应挖出部分淤泥，保持泥层 20～30 厘米；保持池底有一定起伏，不要过于平坦。

清整过后，池子要进行消毒。消毒药物用生石灰，方法有带水消毒和干池消毒 2 种。带水消毒每亩（667 米^{2}水面）（水深 1 米）用生石灰 125～150 千克，用水化成石灰浆，趁热全池泼洒。干池消毒是先将池水排至 5～10 厘米深，在池底四周挖几个小坑，将生石灰按每亩 75～100 千克倒入小坑内，加水化开后，趁热向四周均匀泼洒。为了提高消毒效果，次日可用铁耙将淤泥耙动一下，使石灰浆充分与淤泥混合。消毒后 7～8 天，毒性消失后，可加注新水。此时加水不要太深，保持 40 厘米为宜。太深，不利于饵料生物和水草生长。

加水后，即可施肥。一般每亩水面（水深 1 米）用 300 千克腐熟粪肥掺入过磷酸钙 40 千克、碳酸氢铵 40 千克，均匀遍洒，可以有效培肥水质，培育饵料生物。

施肥后，要在池边和池中栽植水花生、水葫芦、轮叶黑藻等水生植物，并适量投入小叶浮萍或紫背浮萍，长期保持池中水生植物覆盖面积占池水面积的25%左右为宜。水生植物的作用是供黄鳝栖息、遮阳，吸收池中过多的肥料，净化水质，维持水中微生物群体的多样性。

池塘中不要移植伊乐藻和沮草。这两种植物夏天容易枯萎死亡，败坏水质，影响幼鳝成活率。

2. 亲鳝放养　亲鳝放养的时间应以水温达到15℃以上时为宜。这样亲鳝入池即可摄食，又有较长的适应期，有利于性腺发育。

选择好的接近成熟、体质健壮的亲鳝，每平方米放养3~4尾。雌雄比例为2∶1。另外，可在亲鳝池中放养部分小泥鳅，以清除池中过多的有机质，改善水质，并能在饲料供应不足时，为亲鳝提供活饵。

在放养前应检查亲鳝的质量，避免使用长途运输的黄鳝，避免使用刺激性过大的消毒药物，以免黄鳝体液脱落过多，导致成活率下降。一般消毒药物可以使用聚维酮碘（含有效碘1%）或四烷基季铵盐络合碘（季铵盐含量50%），浓度分别为10克/米^{3}和0.1克/米^3，浸浴10~20分钟即可。也可以用3%~4%的盐水，水温24~26℃时浸洗4~5分钟。水温低时，浸洗时间可长些；水温高时，浸洗时间要缩短。浸洗时要注意观察，发现黄鳝表现异常，应立即取出。消毒后立即放入培育池。如果不能及时放养，需用清水冲洗1~2遍后放浅水中暂养。

收购的野生亲鳝在下塘前可暂养在池塘网箱中，网箱中覆盖水葫芦，待黄鳝适应池水 3～5 天后，再放入池塘中。在此过程中，要剔除体弱、患病的黄鳝，可以有效提高亲鳝的成活率。

3. 亲鳝培育　亲鳝入池后，水位可适当加高，约保持在 50 厘米，防止日间水温的急剧升高，不利于黄鳝的性腺发育。一般头 2 天不投食，第 3 天开始投喂少量蚯蚓，以便诱食。日常管理应注意三方面的问题：饵料、水质和防逃。

（1）投饵　亲鳝培育的好坏，关键在于适口鲜活饵料的足量供给。黄鳝是典型的肉食性鱼类，在自然环境中的野生黄鳝常常会因为营养不良而导致性腺发育迟缓。在人工养殖条件下，必须为亲鳝提供充足的优质饵料，最好是鲜活饵料，如小鱼、小虾、幼蛙、蜻蜓幼虫、蚯蚓、水丝蚓、螺肉、蝇蛆、面包虫等。黄鳝也喜欢摄食陆生昆虫，因此在亲鳝池上方装电灯，夜间打开引诱飞虫，供亲鳝摄食，效果很好。黄鳝晚上摄食量大，觅食主动，所以投喂最好在晚上。投喂量以第二天池底无残饵或仅有少量残饵为宜。白天投饵，要设法投在黄鳝的洞口附近，因为白天黄鳝很少出洞觅食。如果白天黄鳝出洞较远，捕食积极，说明夜间给的饵料不足，应该加大投饵量。

投喂天然饵料一定要新鲜。腐败变质的饵料，黄鳝只有在饥饿难忍的情况下才摄食，容易造成剩饵，使初从事黄鳝养殖的人误认为黄鳝已经吃饱吃好，这就大大影响了亲鳝的生长和性腺发育。同时，腐败变质的饵料也很容易败坏水质，导致黄鳝患病。

（2）**水质管理** 亲鳝池要求注排水方便，水质清新。当水质浑浊有异味时，黄鳝摄食量减少，应该马上排出陈水，注入新水。换水时要特别注意池水换水前后温差不能超过3℃，用手试水不应感觉到明显的差异。保持水中溶氧不低于4毫克/升。保持水温20～28℃，水温高于30℃，应采取加注新水、搭建遮阳棚、提高水生植物的覆盖面积。在黄鳝繁殖盛期，繁殖洞内水温一般在24～30℃，并在一定的时期保持恒定。另外，繁殖洞中水的pH值范围为5.5～7。

（3）**防逃** 亲鳝个体大，逃跑能力强，晚上出洞觅食时很容易从破裂的围墙洞穴或进排水管道中逃出。因此，进排水管道一定要安装防逃网，平时巡塘一定要注意观察池塘的围墙、进排水设施是否有漏洞，如有，要及时修补。暴雨后，鳝池水位上涨，黄鳝可能借机逃走，这时要勤观察，发现情况及时采取措施。

三、黄鳝的繁殖方法

（一）黄鳝的自然繁殖

黄鳝的自然繁殖，是指产卵季节将雌雄亲鳝按一定比例放入亲鳝培育池，模拟适宜的自然环境，诱使其产卵、受精，然后在培育池内自然孵化。

黄鳝产卵的时节是5～8月份，产卵盛期是6～7月间。放黄鳝之前，先把池子四周和中央筑起几道土埂，宽约20厘米，高出水面稍许，埂上接近水面处种一些水浮莲、水葫芦、水花生等，一可以遮光，二可以净化水质，三是黄鳝喜欢在这些土埂边的草丛下筑巢产卵。准备好池子后，按每平方米 2 条雌鳝和 1 条雄鳝的比例放入培育好的亲鳝。放入后要禁止闲杂人员靠近池边，保持环境安静，避免人、鸟、青蛙等的骚扰，进水口要保持微流水入池，出水口要有小水量流出，进水口、出水口要绑上防逃铁丝网或塑料网布。只要条件合适，水温稳定在 24℃以上，雌鳝就能产卵，亲鳝先吐出泡沫筑成巢，然后将卵产在泡沫中，雄鳝立即排精，完成受精过程。受精卵在泡沫巢中自然孵化，一般 5～11 天即有仔鳝出膜。5～7 天后，仔鳝卵黄囊消失，可以摄食。这时可以捞起仔鳝进行集中培育，也可以让仔鳝在亲鳝培育池中继续生长。

自然产卵受精，每尾雌鳝产卵的时间不一样，有的要很长时间才产，整个池子中雌鳝产卵时间延续很长，要等到 9 月份以后才能捞起亲鳝另池饲养或作其他处理。

（二）黄鳝的生态（半人工）繁殖

生态（半人工）繁殖，是根据黄鳝在野生条件下的繁殖特点，采用人工方法对亲鳝进行催熟催产，然后将亲鳝按一定的雌雄比例放养在模仿自然生态环境的池塘中，使其自行筑巢、产卵、受精，利用自然繁殖时黄鳝吐出的泡沫巢进行受精卵的孵化的一种繁殖方式。这是我国目前采用最多的黄鳝繁殖方式。

1. 亲鳝的催熟催产　催熟催产的目的是为了使亲鳝集中产卵，集中孵化。

（1）**催产药物** 黄鳝对外源激素的灵敏性要低于鲤科鱼类，所需的剂量比鲤科鱼类要大近20倍，且效应时间长，是鲤科鱼类的3～8倍。黄鳝人工催产常用的药物有：促黄体生成素释放激素类似物（LRH-A）、鱼用绒毛膜促性腺激素（HCG）、鱼脑垂体（PG）、马来地欧酮（DOM）。大量实验证明，促黄体生成素释放激素类似物和鱼用绒毛膜促性腺激素效果较好，单独使用就可以有效促产。

促黄体生成素释放激素类似物的使用量根据黄鳝大小不同而异（表3-2、表3-3）。鱼用绒毛膜促性腺激素的使用量（表3-3），雌鳝以2 000～3 000国际单位（IU）/千克为宜，雄鳝为雌鳝的1/3～1/2。

表3-2 雌雄黄鳝体重与促黄体生成素释放激素类似物使用量

性 别	体重（克）	一次性注射用量（微克）
雌 鳝	20～50	5～10
	25～150	10～15
	150～250	15～30
雄 鳝	120～300	15～20
	300～500	20～30

表3-3 雌黄鳝注射催产药物剂量

体重（克） 药物	10	20	30	40	50	100	150	200	250	300
促黄体生成素释放激素类似物（微克）	2	4	6	8	10	15	20	25	30	35
鱼用绒毛膜促性腺激素（国际单位）	60	120	180	240	300	450	600	750	900	1050

药物可以一次性注射，也可以分两次注射。使用促黄体生成素释放激素类似物时，两次注射效果更好，第一次注射全部使用量的1/8，第二次注射全部使用量的7/8。使用鱼用绒毛膜促性腺激素时，一次注射即可。

（2）催产时间和方法 药物催产的时间最好在水温稳定在25℃以上时。催产的方法有药物拌饵法和注射法两种。

药物拌饵法，即亲鳝培育至5月上旬，每星期在饲料中，按催产药物使用量添加一次绒毛膜促性腺激素、促黄体素释放激素类似物等，总共添加3～4次，即可见黄鳝开始产卵。

注射法，即对亲鳝腹腔注射催产药物。准确计算催产药物用量，然后用生理盐水（实验表明0.3%氯化钠溶液效果最好）配置成悬浊液，控制每尾亲鳝1毫升。注射时，要两人操作：一人用干毛巾包住亲鳝，两手轻轻拢住其头尾，使其腹部朝上，另一人进行腹部注射，进针方向大致与亲鳝前腹呈45°角，进针深度不超过0.5厘米。由于雌鳝产生药效时间比雄鳝晚，所以应先注射雌鳝，24小时后再注射雄鳝（图3-3）。

注射后，亲鳝按雌雄比例1.5～2：1放入亲鳝培育池或专门产卵池中，每平方米放养3～4尾，产卵池环境同亲鳝培育池。水位保持20～30厘米，每天换水1次。水温25℃左右时，注射60小时后即可见雌鳝吐泡沫产卵。

2. 受精卵的孵化 生态繁殖中，受精卵可以直接在产卵池泡沫巢中自然孵化，也可以将受精卵捞出，置于网箱、

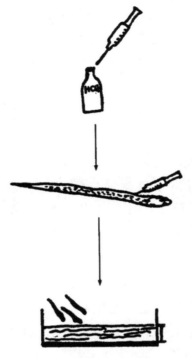

图 3-3 黄鳝的人工催产

玻璃缸、小水泥池或孵化桶中进行人工孵化（方法见全人工繁殖）。

（三）黄鳝的全人工繁殖

全人工繁殖，即完全采用人工的方法对亲鳝进行催产、授精、孵化的一种繁殖方式。

1. 亲鳝的催熟催产 方法同生态繁殖。

2. 人工授精 催产后的亲鳝放入水族箱、小网箱或小型水泥池中暂养，水位保持 20～30 厘米，每天换水 1 次。

水温25℃以下时，注射40小时后，每隔3小时检查1次雌鳝，检查的方法是：捉住雌鳝，用手抚摸其腹部，并由前向后移动，如感到卵已经呈颗粒分散，说明将要产卵，要立即进行人工授精。

由于每条雌亲鳝的效应时间不同，所以一般需要检查至4天后。

人工授精时，将雌鳝捉起，抹干身上的水，一只手用干毛巾垫着轻轻握紧其身体前部，另一只手从前往后挤压雌鳝腹部，就能挤出卵子。如果泄殖腔阻塞，挤不出卵子，就用剪刀从鳝鱼肛门向里剪一个0.5～1厘米小口子，再挤，一直到挤光鱼腹内的卵子为止。然后赶快捉住雄鳝，剪开腹部，取出精巢，用剪刀剪碎，用林格氏液或0.9%生理盐水稀释，一般1尾雄鳝的精巢加入15毫升稀释液（人工授精时雌雄配比一般为2～3：1）。稀释后倒在挤出的卵子上，用小棒慢慢地搅动2分钟，放置4～5分钟，然后用清水冲洗几遍，冲去血水和脏东西后，放入孵化器具中孵化（图3-4）。

林格氏液的配制方法是：1 000毫升蒸馏水中加入氯化钠7.5克、氯化钾0.2克、氯化钙0.4克，充分搅拌溶解。

由于鳝卵卵黄多，影响受精卵与非受精卵的判定，因此可以用鉴别液浸泡，使卵透明后再在光镜下观察。鉴别液配方是：福尔马林5毫升，甘油6毫升，冰醋酸4毫升，蒸馏水85毫升，混合即成。孵化水温25℃左右时，观察卵是否受精的时间需在人工授精后18～22小时。此时取出鳝卵，在鉴别液中浸3分钟后在光镜下观察，如囊胚向

挤出卵子

取出精巢剪碎

精卵混和

图 3-4　黄鳝的人工授精

下延伸，原肠形成，即可判断卵已受精。

3. 受精卵的人工孵化

（1）**静水孵化**　黄鳝受精卵的静水孵化，是将受精卵放入玻璃鱼缸、瓷盆或小水族箱中孵化。由于鳝卵的密度大于水，在自然繁殖的情况下，鳝卵靠亲鳝吐出的泡沫浮于水面孵化出苗，人工授精无法得到这种漂浮鳝卵的泡沫，鳝卵会沉入水底。因此，采用玻璃缸或瓷盆进行静水孵化，

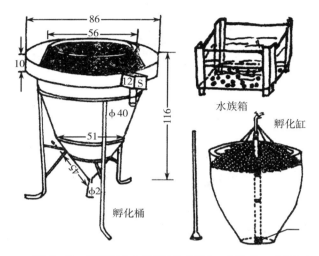

图3-5　黄鳝的人工孵化器具 （单位：厘米）

水不能太深，一般控制在10厘米左右。将受精卵平铺在水底，卵和卵不要挨得太紧。孵化过程中，未受精卵崩解后，易恶化水质，应每天3～4次及时清除死卵。注意经常换水，确保水质清新，溶氧充足，换水时水温差不要超过3℃，每次换水1/3～1/2，每天换水2～3次。越到后期，耗氧量越大，需增加换水次数，每天换水4～6次。

在6～8月份的正常天气时，5～11天就能孵出小鳝鱼。刚孵出的小鳝鱼不会游泳，只能趴在盆底或缸底，不要移动或惊扰，5～8天后，待其能游泳、长壮一点时，再放到池子里培养。

（2）**滴水孵化**　该方法是在静水孵化的基础上，不断滴入新水，增加溶氧，改善水质。具体做法是：提前一天在消毒洗净的器皿底部均匀铺上一层经阳光暴晒、清水洗淘的细沙，注入 5 厘米左右的水。将受精卵转移至铺有细沙的器皿中，孵化的器皿要有溢水口，距沙底 10 厘米左右。从水龙头接出小皮管，用活动夹夹住皮管出水口，以控制水流滴度。打开水龙头，调节活动夹至适宜水滴速度。滴水速度视孵化鳝卵多少而定。一般为 30～40 滴 / 分钟，至第四天后调至 50～60 滴 / 分钟。总之，视水温情况调控滴水速度。

（3）**流水孵化** 流水孵化方式有以下几种：

①网箱流水孵化 选择清洁无污染、有微流水的池塘、水泥池、河湾、小溪、库湾、湖泊等，横截水流设置网箱，规格为 1 米×1 米×0.5 米，用白色密眼乙纶网布做成。网箱四角用竹竿固定，网箱之间无间距，行距 3 米，网箱底部距水面 10 厘米左右。将受精卵放入，平铺于网底，进行孵化。

②水泥池流水孵化 在水泥池中架设木框架，木框架中铺平筛网，浮于水面上。将鳝卵在清洁水中漂洗干净，拣出杂质、污物，然后平铺于筛网上，筛网浮于水泥池中的水面上，使鳝卵的 1/3 表面露出水面，即可孵化。水泥池一边进水，一边溢水，保持微流水。

③孵化桶（缸）孵化 孵化桶（缸）是用于四大家鱼受精卵孵化的常规孵化器，也可以用于黄鳝受精卵的孵化。孵化桶（缸）一般盛水 0.2～0.25 米^3，可放受精卵 20～25 万粒。水从孵化桶（缸）底部流入，上部溢水口溢出，形成水流，将桶（缸）内受精卵冲起，使之获得充足的溶氧和良好的水质，保证了孵化的顺利进行。

（4）孵化管理和注意事项

①受精卵的密度　如果用鱼缸、瓷盆、水族箱孵化受精卵，受精卵平铺水底，卵和卵之间稍稍分离即可；如果用 $0.2 \sim 0.25$ 米^3 的孵化桶（缸）孵化，一般每桶（缸）放受精卵 $20 \sim 25$ 万粒，折合每毫升水体放卵 $1 \sim 2$ 粒；如果用孵化环道孵化，放卵量减半。

②水质　孵化用水要清新，无污染，溶氧量丰富，要求溶解氧在 $6 \sim 8$ 克/米^3，pH 值 $7 \sim 8$。进水时要用密筛绢过滤。有条件的地方最好准备专用蓄水池，孵化用水在蓄水池内消毒，毒性消失后，再注入孵化器具。

③水量和溶氧控制　如果用鱼缸、瓷盆、水族箱孵化受精卵，孵化水不宜太深，应控制在 10 厘米。每天早、中、晚、午夜 4 次换水。换水前，检查受精卵孵化情况，剔除腐败发白的卵子。换水时，要注意换水前后温差不要超过 $3 ℃$，每次换水量在 $1/3 \sim 1/2$，换入的新水要事先用密筛绢过滤，以防止剑水蚤等敌害生物进入。换水后，测定水的溶解氧和 pH 值，发现问题，及时解决。

如果用孵化桶（缸）、孵化环道孵化，水流速度应以黄鳝卵在桶（缸）中刚刚浮起即下沉为适宜。受精卵在孵化桶（缸）中孵化时，若水流冲击卵始终在水面翻腾，说明水流过大；若卵始终在桶（缸）底部不能浮出水面，说明水流过小。

④水温　黄鳝的胚胎发育与水温的关系极其密切。黄鳝卵孵化的适宜水温为 $21 \sim 28 ℃$，最佳水温为 $24 \sim 26 ℃$。孵化期间，保持水温相对稳定，短时间内水温变化不要超

过 3℃，最好不要超过 1℃，昼夜水温差不要超过 3℃，换水前后温差不要超过 2℃。

⑤预防敌害生物　孵化期间，进水用密筛绢过滤，孵化用具严格消毒，防止较大的敌害生物，如蝌蚪、小鱼、小虾、剑水蚤等进入孵化设备。

⑥洗刷滤网及清除污物　用孵化桶（缸）、孵化环道孵化受精卵期间，应经常洗刷滤网，防止堵塞。仔鳝破膜阶段更应及时清除过滤网上的卵膜及污物，以免卵膜堵塞筛孔，造成水由滤网上口溢出而逃苗。

（四）鳝苗质量鉴别

鳝苗质量的好坏有时凭肉眼就能识别，个体整齐、体色光鲜、比较肥满、游动活泼的鳝苗就是好鳝苗，而个体差异大、瘦弱无力、懒洋洋的鳝苗一定是差鳝苗。如果肉眼无法识别，可以用以下的方法鉴别（图 3-6）。

方法一：用手轻轻搅动盛苗的桶（缸）中的水，使水产生小小的漩涡，如果看到鳝苗能沿桶（缸）边逆水挣扎、游动，说明鳝苗体质好；如果大多数鳝苗都被卷入漩涡而无力游动、挣扎，说明鳝苗体质太差。

方法二：将鳝苗舀在白色小瓷碟里，将水慢慢倒去，若鳝苗在小碟中用力扭曲滚动不停，说明体质较好；而鳝苗无力挣扎仅头尾颤动；则说明体质较弱。

方法三：将鳝苗舀在盆中，用嘴吹动水面，体质好的鳝苗会顶风逆水游动，而体质差的鳝苗则跟着水流转动。

轻轻地搅动孵化器中的水

将鳝苗舀在白色瓷碟中,将水轻轻倒去

将鳝苗舀入白色瓷盆中,用嘴吹动水面

图 3-6　鳝苗质量鉴别方法

第四章
黄鳝的苗种培育

一、黄鳝的苗种来源

大规模黄鳝养殖的苗种需求量大，各地养殖户的水平不同，因此苗种来源也不同。总的来说，鳝种的来源有三个途径：技术水平较高的养殖户可以自己繁殖培育苗种，其他养殖户可以捕捉自然水域的鳝种，也可以购买鳝种。

（一）自然水域鳝种的捕捉

野外捉幼鳝要在暖和的时节，4 月初至 10 月底。方法有以下几种（图 4-1）。

1. 地笼捕捉 选择浅水湖汊、稻田、水沟、池塘边，泥沟较多的地方，敷设成串的地笼，地笼中撒一些蚯蚓段，引诱黄鳝。敷设好后，每天清晨检查，倒出诱捕到的黄鳝，添加一些蚯蚓段即可。这种方法，作业时间长，诱捕率高，是最常用的黄鳝捕捉方法。

2. 徒手捕捉 最好在晚上进行。黄鳝白天不出洞，晚上才出来在水边找东西吃，而且见光就不动了。利用这一

徒手捕捉

在水沟中放养水葫芦，收集野生幼鳝

笼捉

铺一张塑料网布，将水葫芦捞在网布上，原来藏于水葫芦根部的幼鳝会自动钻出来落在网布上

图 4-1　野外捉幼鳝示意图

特点，可以在稻田、水沟、池塘边事先整理出一块块平坦的浅水软泥台，在上面撒些蚯蚓段，晚上，尤其是雨后或闷热天气的晚上，幼鳝会聚集在这些泥台上吃蚯蚓，就可以用手电筒照着，一条条地捉起来。用手捉的时候，中指在前，食指、无名指在后，像钳子一样，将幼鳝前半段紧紧夹住，既不让幼鳝逃走，也不会使它受伤。捉住的黄鳝放在桶里，桶内放些柔软的水草或少量清水，桶要深并且有盖。

　　也可在白天捉幼鳝。首先在稻田、水沟里找到黄鳝钻的洞，找出几个洞口后，用木棒搅动水下的洞口，在另一个水面上的洞口套上鳝笼，或用手捉即可。也可以找准两个洞口后，两手分别从两个洞口内探入，堵口捕捉。

　　3. 放养水葫芦，收集野生幼鳝　预先在水沟中种一些水葫芦，最好种在有软泥的地方。6 月 20 日至 8 月底都能收集。方法是：先在平地上铺上张塑料网布，将水葫芦连根拔起，放在网布上，慢慢地，藏在水葫芦根部的幼鳝会自动钻出来落在网布上。

4. 在池塘沟渠边做些小土埂，收集野生幼鳝　土埂用一半土、一半牛粪搅拌混合而成，过一段时间，土埂边就会长出很多水蚯蚓，时间一长就会有小鳝钻到土埂中吃水蚯蚓，这时可用纱布做的小捞海捞取。

（二）购买鳝种的选择

在市场上购买鳝种，要注意鳝种的品种和质量。

黄鳝有 3 种不同颜色的品种，分别是深黄色或土红色、青黄色、灰色。深黄色或土红色且身上有较大杂斑的黄鳝长得最快；青黄色的黄鳝生长速度一般；身体灰色、身上小斑点特别多而密的黄鳝长得最慢。所以要选择深黄色或土红色有大杂斑的鳝种。

另外，购买鳝种还要注意仔细检查，注意鉴别，坚持"三不要"。

一是不要伤鳝。黄鳝有外伤和内伤两种情况。外伤容易看出来，比如体表外伤、身体发白、有体外寄生虫、断尾、鳃盖上有伤痕、出血等。内伤一般不容易发现，其主要是因为钩钓捕捉引起的，受伤部位往往在口腔、咽喉等，这些部位多会有淤血。

二是不要病鳝。病鳝的主要特征是头大、颈细、体弱，病情严重的身体蜷曲；有的体表局部发白，甚至有棉絮状物，体表黏液少；有的体表有明显的红色凹斑，黄豆大小，易感染化脓腐烂，而且不易愈合，此为"梅花斑病"；有的肌肉腐烂，鳝条脱落。

三是不要药鳝。所谓"药鳝"，就是用麻药、毒药麻倒后捕到的鳝种。这种鳝种用手一抓就能抓起好几条，抓起后也不挣扎，软绵无力；另外其腹部还有小红点，时间越长红点越明显。

以上这些鳝种，活动无力，成活率低，一定要仔细拣出，不要购买。

二、鳝种培育

将刚出膜的小鳝鱼养成 15～25 厘米长、10 克左右重的鳝种，称为鳝种培育（图 4-2）。

（一）鳝种培育池的准备

1. 鳝种培育池的技术要求　鳝种培育可以用 10～15 米^2 的水泥池子，深 40～50 厘米，池底垫 5 厘米的土，每平方米土掺入 0.5～1 千克牛粪或猪粪夯结实。池壁要高出地面 30 厘米以上，进水口和排水口用密眼网片罩封口，池的形状为长方形或椭圆形。

鳝种培育还可以用 80、100 目的尼龙网箱培育，规格一般为 1 米×2 米×1 米，箱中放置水花生或水葫芦。

2. 新建水泥池脱碱处理　新建的水泥池碱性大，不能直接用于养殖，必须先脱碱。脱碱处理的方法有：

（1）醋酸法　用醋酸（按每立方米水体 50 克）反复洗

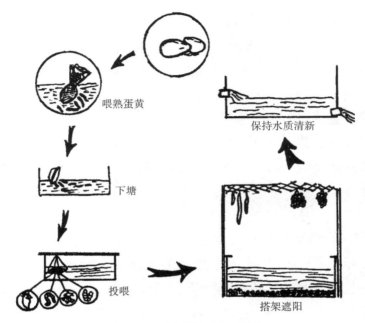

喂熟蛋黄

保持水质清新

下塘

投喂

搭架遮阳

图 4-2　鳝种培育示意图

刷水泥池池表，然后贮满水浸泡 1 周以上。

（2）**过磷酸钙法**　水泥池注满水，每立方米水体加入过磷酸钙肥料 1 千克，浸泡 2～3 天。

（3）**酸性磷酸钠法**　水泥池注满水，每立方米水体加入酸性磷酸钠 20 克，浸泡 2～3 天。

（4）**稻草、麦秸浸泡**　水泥池注满水，放入一层稻草或麦秸浸泡 1 个月左右。

采用以上方法脱碱后，用水反复冲洗后再用。

3. 鳝种培育池的消毒处理　鳝种培育池在受精卵开始孵化的同时消毒，方法是每平方米用 50～100 克生石灰，化成石灰浆干池泼洒。新建鳝苗池只需脱碱，不必消毒。

消毒后 7 天，放入新水 10～20 厘米深，施足基肥。基肥用发酵好的畜禽粪肥。最好的发酵方法是：在地上挖一个坑，坑里铺一层粪，再盖上一层青草，撒一层生石灰，一层粪、一层草、一层石灰，铺上几层后，用尿浇透，坑上盖上盖子，1 个月后，可以直接用长勺舀粪汁施肥。鳝苗下池前，先放入几尾小鳝鱼试水，如果小鳝鱼入水 1 天后无异常反应，即为安全，可以放鳝苗了。

（二）鳝苗的放养

1. 放养密度　放苗时要记数，以便准确控制放养密度的放养总量。鳝苗放养密度为每平方米 300～400 尾。也有报道，许多养殖户放养密度为每平方米 3 000～4 500 尾，取得不错的培育效果。但应注意，以此密度放养时，培育过程中需经过 2 次以上分养。因为随着鳝苗逐渐长大，一是单位面积的载鱼量增加，二是幼鳝中出现规格差距，此时若不及时进行分散分级分池养殖，不但会出现鳝鱼互相残食，而且影响整个苗种培养的效果。

2. 鳝苗放养注意事项

（1）放养前强化　黄鳝小苗孵出后，不会游泳，不能吃食，一动不动地趴在水底。5～8 天后，可以吃食，这时候可将煮熟的蛋黄用纱布包好，放到水中轻轻揉搓，鳝苗可以吃蛋黄浆。这样喂 2～3 天后，身体强壮了，体色变黑了，再放到培育池中养。

（2）鳝苗放养的时间　放苗时间最好是育苗池施肥后 7～8 天，放苗时若是大晴天，不要在中午放苗，可在上午

8～9 时，或者下午 4～5 时放苗。

（3）**试水**　放养前，先"试水"。在池中设一个小网箱，放入几尾小鳝鱼。如果小鳝鱼入水 1 天后无异常反应，即为安全，可以放鳝苗。

（4）**水温适宜**　育苗池水温和孵化器中水的温度要差不多。若用手感觉水温不一样，就用水瓢将池子里的水慢慢舀入盛鱼的盆里，直到温度差不多了，再将盆全部沉到池水水面以下，倾斜盆，让鳝鱼随水流入池中。

（三）鳝种培育的饲养管理

1. 投饵　苗种培育阶段，鳝苗吃的东西很多，像水丝蚓（红虫）、摇蚊幼虫、蚯蚓、昆虫蝇蛆等。水丝蚓是鳝苗的最佳开口饵料。在下池的头几天里，最好能将水丝蚓切成碎段投喂，使鳝苗能吃到充足可口的食料，并训练鳝苗养成集群摄食的习惯。如果没有水丝蚓，也可以用陆生蚯蚓打成浆或切成小段投喂。投喂地点应固定在池中遮阳的一侧，建一个固定的食场，食场内放 1 个用木框和密眼网做的食台，每次投饵于此，训练鳝苗定点采食的习惯。每天喂 1 次，下午 5～6 时喂。幼鳝一经开食，即逐渐分散活动，此时如池中培育的浮游动物不足，可辅助投喂一些煮熟的蛋黄浆。

投喂鳝苗的最初几天要喂得慢一点，最好一勺一勺地喂，上一勺全部吃完再放下一勺，不要一次舀很多，既浪费又污染水质。

鳝苗下池 3～4 天后可投喂一些切碎的蚯蚓、小杂鱼和蚌肉，日投饵量为在池中鳝苗总体重的 10%～15%，每日投喂 4～5 次。另外，还可预先用马粪、牛粪、猪粪拌和泥土，在池中做成 2～3 个块状分布的肥水区，这些肥水区能生出许多丝蚯蚓供鳝鱼摄食。

半个月后，用密眼网布做的抄网将黄鳝捞到盆里，按大小、体质强弱分类，然后分池饲养，放养密度降至每平方米 150～220 尾。分池后，每天要喂 2 次，在上午 8～9 时和下午 4～5 时，喂整条蚯蚓、蝇蛆或杂鱼肉，也可少喂点麦麸、米饭、南瓜、菜叶等，瓜菜要切碎。每天的饵料投喂量要掌握在池中鳝苗重的 10% 左右。

再喂 1 个月，还要把鳝苗捞起，按大小分养。第二次分养后，逐渐将鳝苗饲料转化为蝇蛆和煮熟的猪血料、动物内脏及麦麸和瓜皮等植物性或人工配合饲料，也可以配合投喂鳗种饲料。鲜活饲料的日投饵量为池中鳝苗总体重的 6%～8%。养到 11 月中下旬就可以分池放进成鳝养殖池越冬，也可以在原池越冬。

2. 驯食　大规模培育黄鳝苗种，鲜活饵料不足，要驯食鳝苗摄食配合饲料。驯食的时间一般是用动物性鲜活饵料培育 10～15 天，鳝苗长至 5 厘米以上时。驯食方法是：将粉状配合饲料加水揉成团状，定点投放于食台上，经 1～2 天，鳝苗会自行摄食团状饲料。

驯食前要停喂黄鳝 1～2 天。驯食过程中，每天观察残饵、水质和黄鳝排出的粪便来判断黄鳝摄食情况。如果摄食不正常，要捞出残饵，并减少配合饲料的比例或适当减少投喂量，这样仍不能正常摄食时，则停喂 1～2 天再继续进行，如果黄鳝能吃完，则逐渐加大配合饲料比例，直至驯食成功。对 15 厘米以上苗种驯食时，先在鲜鱼浆或蚌肉中加入 10% 配合饲料，投喂 1～2 天，以后每天逐渐增加配合饲料的比例，减少鲜活饵料的比例。经 5～7 天，鳝苗即可完全摄食配合饲料了。

3. 日常管理

（1）**水质管理**　要求水质清爽、肥沃、含氧量丰富。春秋季每 4 天换 1 次水，夏季每 2 天换 1 次。每次换水要换掉池水的 1/3～1/2，不要一次换得太多。换水时，先排出池水的 1/3～1/2，再注入。换水时间要安排在傍晚前后。换水前后，池中水温差不得超过 3℃，水深保持在 15 厘米左右，当水温高于 28℃时要及时加注新鲜水进行降温。

（2）**控制水温**　鳝种培育的最适水温为 25～28℃。夏季高温季节要采取降温措施，一是要不断向池中加注清凉的水库底层水，有条件的地方，最好保持池中微流水。二是要在育苗池上面搭遮阳棚，种点丝瓜、葡萄等藤蔓植物，水面上种水葫芦、水浮莲等水生植物。

（3）**投饵管理**　投饵要坚持"四定四看"的原则。"四定"即投饵要做到"定时、定点、定质、定量"。

"定时"指每天投饵时间要相对固定，水温 20℃以下或 28℃以上时，每天一般在 15:00 以后投喂；水温 20～28℃时，每天一般投喂 2 次，时间为 9:00 和 15:00 以后，不要随意改动投饵时间。

"定点"指饲料投喂在食台上，食台固定在池内阴凉处，接近进水口，水面下 3～5 厘米。

"定质"指配合饲料应在有效期内使用，鲜活饲料应新鲜，不喂腐败变质饲料。

"定量"指根据季节、天气、水质和鳝的活动情况适时调整食量，所投饲料以 2 小时内吃完为准。摄食旺季，水温 20～28℃时，配合饲料日投饵量为鳝体重 1.5%～3.0%；鲜活饲料日投饵量为鳝体重 5%～12%；水温 20℃以下或 28℃以上时，配合饲料日投饵量为鳝体重 1%～2%，鲜活饲料 4%～6%。

"四看"指投饵时要"看天、看水、看鱼、看饵"，根据天气、水质、鳝的活动情况和残饵量，适时调整投饵量，及时捞出残饵，以免腐臭，影响水质。

夏季在每一培育池中安装一个诱光灯，灯泡离水面 40 厘米左右，夜晚可引来大量飞虫，飞虫落入水中后，可为鳝苗提供大量的活饵料。

（4）**勤巡塘**　坚持每天早、中、晚 3 次巡塘检查，检查防逃网，捞出水面上的脏物，观察鳝苗动态，严防鳝苗逃逸。遇天气变化时，如发现鳝苗出穴将头伸出水面，应及时加注新水补氧。

（5）**消灭敌害生物**　在池边投一些天鼠药物或设置捕鼠工具以消灭老鼠，防止老鼠夜晚入池咬食鳝苗。捕抓青蛙的好方法是晚上用手电筒照着抓，听到哪里青蛙叫得厉害，轻手轻脚地走过去，用手电筒照着青蛙，它就不动了，很容易逮到。

（6）**防病治病**　坚持以防为主，防重于治的原则。鳝病多发季节要定期泼洒杀虫药物和生石灰、漂白粉消毒。

常见病要经常预防，投饵时注意观察鳝种，一旦发现患病及早治疗。

（7）做好池塘养殖日记 池塘养殖日记是作好养殖工作的重要环节。将养殖过程中每天所做的工作一一记录在案，包括投喂饲料的种类、成分、数量及投喂时间等，施肥的种类、数量、时间、地点等，换水的水源、时间、换水量，施药的种类、数量、时间、地点，每天的天气、水质、鳝的活动状况等。在发生特殊情况或预防疾病时，养殖日记是重要的参考资料。

人工繁殖的鳝苗，培育至年底一般体长可达 15～25 厘米，体重 5～10 克，这样的苗种便可作为下一年成鳝养殖的苗种。这些苗种适应人工养殖的环境，不需要进行驯食，一般不会带有疾病，而且成活率非常高。

三、鳝种的越冬

在北方，黄鳝养殖过程中大多要经历越冬阶段。

（一）鳝种越冬前的准备

1. 越冬池的要求 黄鳝越冬池要求池不坍塌，坝不沉陷，池底不渗漏。池底有 25～30 厘米的软泥层，如果底泥过厚，要清除过多淤泥。

2. 越冬前的准备

（1）池塘清整 鳝种入池前，要对越冬池进行严格检查，包括堤坝、水源、进排水口、防逃网等，一旦发现问题，及时修补。

（2）消毒 越冬池要提前消毒。消毒方法同亲鳝培育池。消毒 7～8 天后，放入清洁水 15～20 厘米备用。

（3）鳝种入池 越冬前 1 月左右，鳝种入池。鳝种放养密度同培育期间即可。黄鳝在水温降至 10℃以下时，就会钻到泥里冬眠，冬眠期间什么也不吃，只靠身体里积累的营养维持生命。所以在越冬前的秋天要加强喂养，多喂鲜活饲料，如蚯蚓、螺肉、小鱼、蝇蛆，也须少喂一点瓜菜，让其吃饱吃好。

（二）鳝种的越冬

越冬的管理方法有三种：一是干池越冬，要在上冻前排干池水，保持底泥湿润，然后在底泥上铺厚厚的稻草或草包，使越冬土层温度保持在 0℃以上。二是深水越冬。在黄鳝冬眠前将池水加注至 1 米左右，以保证结冰不到底，保证黄鳝钻入池底洞穴处越冬。若遇霜冻天气，池水结冰，要及时破冰。三是在池上建塑料大棚，棚上盖草帘，白天卷起草帘，晒太阳，增加棚内温度，晚上放下草帘保温（图 4-3）。

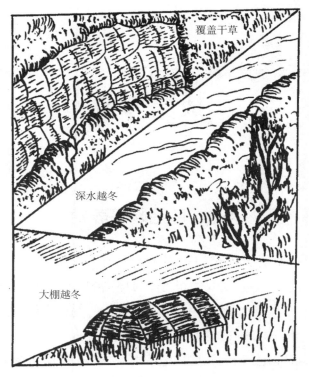

覆盖干草

深水越冬

大棚越冬

图 4-3　鳝种越冬示意图

第五章
成鳝养殖

一、黄鳝网箱养殖

网箱养殖黄鳝是目前黄鳝养殖中采用最多的一种形式。这种养殖方式规模可大可小，放养密度高，疾病少，生产周期短，单位面积产量大，收益高，易捕捞，方便管理，是今后规模化和集约化养殖的发展方向。在湖泊、沟塘、土池、水泥池、稻田或其他农作物水田中均可采用此种方式养殖。

（一）养殖场地选择与准备

1. 选址与准备　养殖场地要选择周围无潜在污染源、环境安静、水位稳定、水源充足、交通方便的地点。养殖用水来自湖泊、河流、水库均可，要求无有毒有害物质污染，水质清新，水质符合渔业水质标准的要求。

湖泊设网箱宜选择浅水湖泊的库湾或港汊，有微流水，水位较稳定，水质清新，水深1.5米左右。

土池塘选择垂直高度1.5米以上，面积0.2～1.0公顷的池塘。面积过小，水质变化过快；面积过大，管理不方便。池塘最好为长方形，东西走向，要求池底不渗漏，电力配套，排灌方便，进排水系统独立，无过塘进水现象。

水泥池宜选择池深 1.5 米以上，面积 50 米^2 以上的池子，池壁坚实，池底不渗漏，进排水设施独立，无过塘进水现象。新建水泥池要进行脱碱处理。

稻田网箱养黄鳝，要选择地势稍低、常年不干涸或容易灌水的低洼稻田作为黄鳝养殖池，以单季稻田为佳。要求土质较肥，水源有保证，水质良好，管理方便，面积在 1 公顷以内为好。要求田埂高而牢固，田底土质无农药残留，不渗漏，能保水。选好稻田后，再将稻田挖深 50 厘米，挖出的土加高田埂，并夯实，使稻田中能保水 1 米左右。然后，设置好进排水管道，并装好防逃网，防止黄鳝意外逃逸。

注意：养鳝池塘边不要栽种柳树，新鲜柳叶对黄鳝有毒害。

2. 清整消毒　土池、水泥池和稻田在网箱设置前都要进行清整、消毒和施肥。

清整工作包括：检查池子是否渗漏，检查进排水设施和防逃网是否完好，发现问题，立刻修补；清除过多的杂草，排出陈水；如果池底有机质过多或淤泥过厚，应挖出部分淤泥，保持泥层 20～30 厘米。

消毒要在鳝种放养前。消毒药物用生石灰，方法有带水消毒和干池消毒两种。带水消毒每亩水面（水深 1 米）用生石灰 125～150 千克，用水化成石灰浆，趁热全池泼洒。干池消毒法，消毒时池中保持浅浅的一层水，每亩用生石灰 75 千克，注水溶化、拌匀，不要有大块石灰存在，然后全池均匀泼洒，使池水呈乳白色，再用铁耙将底泥耙一遍，使石灰浆充分与淤泥混合，以杀死水中和底泥里的有害细菌。如果底泥发黑有臭味，一定要排干池水重新更换底泥，再泼洒生石灰水消毒。

消毒后 7～8 天，毒性消失后，可加注新水。此时加水不要太深，保持 20～30 厘米为宜。太深，不利于饵料生物和水草生长。

加水后，即可施肥。一般每亩（水深 1 米）水面用 300 千克腐熟粪肥中掺入过磷酸钙 40 千克、碳酸氢铵 40 千克，均匀遍洒，可以有效培肥水质，培育饵料生物。

网箱设置好后，要加水至 1 米左右。

如果水质欠佳、水源不足，为了改善池塘环境，可在投放苗种前 7 天使用微生物制剂，如光合细菌、益生菌等，以后每隔 15 天使用 1 次。对于新挖的鱼塘，在消毒后施入适量的生物肥料，促进网箱内水生植物的生长。

（二）网箱准备和设置

1. 网箱的结构　网箱为固定式或漂浮式网箱（图 5-1），规格 2 米×（1.5～3 米）×1 米，长方体或正方体。箱体用网孔尺寸为 0.80～1.18 毫米的优质聚乙烯 4 股×3 股无毒无结节网片制作。

固定式网箱八个角绑缚在四根长 2 米左右的结实竹竿上，竹竿插入底泥中，使网箱上部高出水面 50～70 厘米。

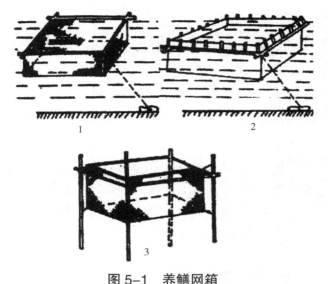

图 5-1　养鳝网箱

1、2.漂浮式网箱　3.固定式网箱

漂浮式网箱以毛竹做框架，网箱底以上 50 厘米处捆绑在箱体浮架上，浮架四角捆泡沫塑料浮子。箱底四边与框子垂直。网箱上纲用直径 3 毫米的尼龙网纲。网箱角与浮架用 8 号铁丝拉紧。网箱上部高出水面 50 厘米。

2. 网箱的设置　放养苗种前 1 个月，用 20 毫克 / 升高锰酸钾浸泡消毒网箱 15～20 分钟。在鱼种入箱前 20～30 天，网箱应置于水体中浸泡，以消除网片的毒素，使各种藻类附着，形成一道生物膜，有效避免鳝种身体摩擦受伤。

网箱设置于养殖水体的避风向阳处。一般设置网箱的面积应控制在养殖总水面的 2/3 以内，间距应大于 30 厘米，网箱排与排间距离以能够行船为准。网箱吃水深度 30～50 厘米，网箱安装在水深大于 1 米处，其下底不要触泥，上沿高出水面 50 厘米以上。

网箱布置后,苗种投放前 20～30 天移植水草到网箱内。为了清除小杂鱼、水蛭、鱼卵、病原微生物、寄生虫等,移植水草在投放前用漂白粉、聚维酮碘等进行严格消毒,然后用清洁水冲洗干净,再移入网箱中。网箱中水草要选择选择水葫芦、水浮莲等漂浮植物,覆盖面积应占网箱面积的 60%～90%。注意:水葫芦在水中分生快,易死亡,如果听之任之,几周内水葫芦就会长满整个水面,造成池塘缺氧,死亡的则会腐烂造成水质恶化。因此一定要及时清除过多的和死亡水葫芦。

(三)鳝种放养

1. 鳝种选择 适合养殖的黄鳝品种以深黄大斑鳝或土红大斑鳝最好。质量上要求鳝种反应灵敏,规格整齐,无伤无病无残,活动能力强,黏液分泌正常,鳝种规格 15～75 克。一年养成的黄鳝,鳝种规格一般以 20～30 尾 / 千克为宜。该规格的苗种生命力强,成活率高,增重快,产量高。如果放养鳝苗的时间较晚,放养规格应适当加大。

2. 鳝种放养 水温稳定在 15℃左右时,是黄鳝放养的最佳时间。

下苗时选择晴天的上午 9 时或下午 5 时,避开正午阳光直射。运输后的鳝苗应当换水后,待其清除完排泄物和杂质后再投放。放养前后水温差在 3℃以内。

鳝苗放养前用 2.5～3.0% 食盐溶液浸浴 5～8 分钟,或用 20～30 克 / 米^3 的聚维酮碘(含有效碘 1%)浸浴

10～20分钟，或用0.1～0.2克/米³的四烷基季铵盐络合碘（季铵盐含量50%）浸浴30～60分钟。

消毒时间的长短根据水温确定，水温高，消毒时间要短；水温低，消毒时间适当延长。消毒时还要随时观察鳝种反应，一旦发现异常，马上停止消毒。

鳝苗放养密度直接影响养殖效益。4～6月的早期苗，由于生长期长，可适当稀放，规格在20～35克/尾，密度以0.5～1.0千克/米²为宜，或者密放再分箱。7～8月生长期短，密度可适当提高至1.0～1.5千克/米²，数量不超过40尾/米²为宜，此密度在养殖过程中不需要分箱。一般提倡一次放好，尽量避免分箱操作。

此外，还要求按照鳝种的规格严格分级，分开放养，同一网箱放养同一来源、同一规格的鳝种，个体大小差异在2/3以内。同时注意控制温差，放养和消毒时水温差不超过3℃。

以网箱养鳝为主体的池塘中，还可以少量搭配放养其他鱼类，让其充当清洁工的角色，抑制水体的富营养化，提高水体的产出率。具体投放量为每亩400尾左右，其中鲢、鳙鱼占60%（鲢、鳙鱼比例为4:1），草、鳊鱼占15%，鲫、鲤鱼占25%。为提高经济效益，有效控制小型野杂鱼过度繁殖，池塘可套养鳜鱼每亩25～20尾。

（四）饲料投喂

1. 饲料要求 成鳝的饲料种类多种多样，鲜活鱼、虾、螺、蚌、蚬、蚯蚓、蝇蛆、畜禽屠宰下脚料等动物性饲料和新鲜麦芽、大豆饼（粕）、菜籽饼（粕）、青菜、浮萍等植物性饲料以及配合饲料均可。要求选用新鲜、适口，无腐败变质、无污染的饲料。配合饲料应营养全面，质量符合《NY5072 无公害食品 渔用配合饲料安全限量》的规定。禁止擅自在饲料中添加激素和未允许使用的抗生素。严禁投喂过期饲料。饲料应存放于通风干燥处，不得与农药、柴油等含毒害成分物质同放一处，以防污染。

2. 驯食 影响成活率的关键期为黄鳝入箱前 15 天。放养后的前 2 天不投喂，第三天开始投喂。饲料投喂在食台上。食台用高 10 厘米、边长 40～50 厘米的方框制成，框底和四周用纱窗布围住。食台固定在箱内水面下 20 厘米处，每箱一个食台。

野生鳝种入箱后先用蚯蚓、河蚌、田螺、鱼浆等鲜活饵料饲喂，每天 18:00～19:00 投喂。7 天后待黄鳝摄食正常，每 100 千克鳝用 0.2～0.3 克左旋咪唑或甲苯咪唑拌饲驱虫1 次，3 天后再驱虫 1 次。然后开始驯食配合饲料，驯食时，先将 90% 的鲜活饲料搅碎，再拌和 10% 的配合饲料投喂，以后每天逐渐减少鲜活饲料比例，增加配合饲料比例，经5～7 天驯饲，黄鳝能够摄食配合饲料。

人工培育的、已经过驯食的鳝种入箱后，第三天可直接投喂配合饲料。

3. 投饲 投饲方法遵循"定质、定量、定时、定点"的原则。

定质：配合饲料应在有效期内使用，鲜活饲料在投喂前应洗净，在沸水中放置 3～5 分钟，或用 20 毫克／升高锰酸钾浸泡 15 分钟，或用 5% 食盐浸泡 5～10 分钟，再用淡水漂洗后投喂。投饵时要先投大的后投小的，先投粗的后投细的，大的饵料要切碎投喂。

定量：根据季节、天气、水质和鳝的活动情况适时调整投喂量，以 2 小时内吃完为准。摄食旺季，水温 20～28℃时，配合饲料日投饵量为鳝体重 1.5%～3.0%；鲜活饲料日投饵量为 5%～12%；水温 20℃以下或 28℃以上时，配合饲料日投饵 1%～2%，鲜活饲料 4%～6%。

定时：水温 20℃以下或 28℃以上时，一般每天投喂 1 次，时间在 18:00 左右；水温 20～28℃时，一般每天投喂 2 次，时间在 9:00 和 18:00。

定点：饲料投喂在食台上。食台固定在箱内水面下 20 厘米处，每箱一个食台。

（五）日常管理

1. 水质与池塘管理　黄鳝对水深的要求在各个生长阶段并不相同，投苗前后水位控制在 1 米左右，盛夏和越冬时池塘水位最好能达到 1.5 米以上。春秋季 1 周换 1 次水，夏季 1～2 天换 1 次水，高温时节 1 天换 1 次。每次换水时，先捞出剩余的饵料，再排出池水的 1/3，然后再注入新水到原来的水位。如果外源水质不良、水源不足，则不进行换水；换水还应当注意温差不可过大，控制在 3℃以内。

保持水质清爽，勤换水，保持水中溶氧不低于 3 毫克/升。定期施用生石灰调节酸碱度，控制池水 pH 值在 7 左右。每隔 15 天全池泼洒微生物制剂 1 次，以调节水质。

2. 网箱管理 坚持早、中、晚巡箱，随时掌握黄鳝吃食和活动情况，及时捞出病鳝；注意每天清洗食台，将残饵清洗干净，以免影响箱内水质；经常检查网箱，发现损坏及时修理；定期冲刷箱壁上的附着物，保持箱内外水体交换通畅；经常将箱内过多的和死亡的水草捡出，运至远离养殖地点处理。养殖一段时间后，放养密度较大的箱要及时分箱调整；防盗、防逃、防水老鼠等天敌。

3. 病害防治 高密度养殖条件下，黄鳝患病后很难医治。养殖期间应坚持"以防为主，防治结合，及早发现，及早治疗"的原则，采取生态预防和药物预防相结合的措施，减少疾病的发生。其要点有：

（1）保持良好的空间环境，满足黄鳝喜暗、喜静、喜温暖的生态习性要求。

（2）加强水质、水温管理，科学合理地换水，及时加注新水，夏季适时提高水生植物的覆盖面积防暑，及时捞出死亡水草，避免败坏水质；冬季提高水位确保水面不结冰、搭建塑料棚等防寒。

（3）搞好环境、鳝体、饲料、食台、工具消毒。

（4）在箱中搭配放养少量泥鳅，以活跃水体，避免黄鳝相互缠绕致病。但泥鳅放养要注意时间安排，最好在驯食成功1周后。驯食成功前不宜放养泥鳅等鱼类，过早放入其会与黄鳝抢食而不利于驯食。

药物预防和治疗疾病时，注意所选渔药应对鳝刺激性小。渔药使用应符合《NY5071 无公害食品 渔用药物使用准则》的规定。鱼病防治中，鼓励使用中草药防病治病；

禁止使用孔雀石绿、呋喃唑酮（又名痢特灵）等违禁药物；严禁使用未取得生产许可证、批准文号、产品执行标准的渔药。渔药存放不要与农药、柴油等含毒害成分物质混在一起；渔药应在保质期内使用。

二、黄鳝土池养殖

（一）养鳝池塘建设

1. 养鳝土池的建设　养鳝土池要选择气流通畅，土质密实，水源充足、无污染源的地方。土质最好为中性土壤，盐碱地不建议使用。

池塘形状可圆可方，最好是东西走向，大小根据养殖规模而定。建池时从地面向下挖30～40厘米，用挖出的土做埂，埂宽1米左右，高40～60厘米，池埂要层层夯实，池底也要夯实，以免黄鳝打洞逃走。有条件的地方，最好用黄土、石灰、黄沙制成三合土后，在池底铺10～20厘米厚，夯结实。也可以在池底和池壁铺一层油毡，边角都要铺严。然后在三合土或油毡上铺20厘米（池底）和10厘米（池壁）的壤土，这样既可防止池水渗漏，又可防止黄鳝打洞逃逸（图5-2）。

池塘的对角分别设进水口和排水口。进水口可稍高于水面，排水口与池底齐平，能排干池水。进排水口均要绑上密眼网布，防止黄鳝逃逸。

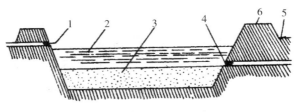

图 5-2　养鳝土池示意图
1. 进水口　2. 水面　3. 泥层　4. 排水口
5. 地面　6. 池埂

2. 老池的清整、消毒　所谓老池，是指以前养过鱼的池塘。老池再次使用前也要清整、消毒、施肥和移植水草。具体工作同网箱养殖。

3. 新建土池的清整　新挖成的鳝池放养黄鳝前要注水清池，一是检查是否漏水，二是利用水吸收、清除三合土中的有害物质。发现漏水，及时修补。新池注排水 3～4 次，每次浸泡 2～3 天。

十数天后，在排干水的池底铺上 20～30 厘米厚的肥泥，用脚踩实。肥泥用青草、厩肥、土壤混匀后沤制而成。肥泥铺好后，在池中种植些水葫芦、水花生、水浮莲、轮叶黑藻等水生植物，供遮阳降温和黄鳝藏匿栖息。最后注入 30 厘米左右清水。

（二）养殖管理

1. 鳝种放养　主要工作见图 5-3。
鳝种放养要注意的事项如下。

（1）时间　最好在 3 月底至 4 月初，水温达到 15℃时，先消毒池塘，2 周后放鳝种。

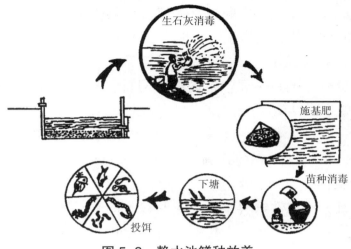

图 5-3 静水池鳝种放养

（2）**鳝种消毒** 鳝种入池前要消毒。用大盆或木桶注入清水，在 15～20℃水温下，用 2.5%～3% 食盐溶液浸浴 5～8 分钟，或用 20～30 克／米³ 的聚维酮碘（含有效碘 1%）浸浴 10～20 分钟，或用 0.1～0.2 克／米³ 的四烷基季铵盐络合碘（季铵盐含量 50%）浸浴 30～60 分钟消毒。水温高时，浸泡时间要缩短。在浸泡过程中，要随时观察，发现鳝种有强烈不安或上浮不止等不正常反应时，要立即捞出。消毒后的鳝种要及时入池，如不能及时入池，要用清水冲洗 1～2 次，再放入浅水中暂养。

（3）**鳝种规格** 放养前鳝种要挑选一下，按大小分开，规格相近的鳝种要放在同一个池中饲养，规格相差大的要分池饲养，否则就会出现大鱼吃小鱼的情况。

（4）**放养密度** 规格为 20 克／尾的鳝种，每平方米放养 50～60 条，有经验的养殖户可放到 100 条左右。规格大的鳝种少放，规格小的鳝种可多放。

2. 投饵技术

黄鳝的饲料主要包括动物性饲料、植物性饲料和配合饲料。其中，动物性饲料包括鲜活鱼、虾、螺、蚌、蚬、蚯蚓、蝇蛆、黄粉虫、蝌蚪、水生昆虫、畜禽屠宰下脚料等；植物性饲料包括新鲜麦芽、大豆饼（粕）、菜籽饼（粕）、青菜、浮萍等。

（1）动物性饲料来源 黄鳝喜食的鲜活饲料主要有蚯蚓、蝇蛆、黄粉虫、蚕蛹等，可利用小块零星荒地、庭院边角地和废旧的沟塘养殖，也可实行鳝蚓合养。

黄鳝也喜食小鱼、田螺肉、蝌蚪、蜻蜓幼虫、摇蚊幼虫等。黄鳝摄食小鱼是有选择性的，细而长的鱼，如麦穗鱼、鳘条鱼、飘鱼、孔雀鱼等常常先被吃掉；而鲫鱼、罗非鱼、黄颡鱼等体高或有刺的鱼，黄鳝不太喜欢吃。田螺可以在小河沟、稻田、池塘中轻易捞到，如果需要量大，可以自己培育。小鱼可以在湖滨、沟渠等鱼虾多的地方，敷设定置网具，如迷魂阵、小刺网、小张网等，定时收取上网的鱼、虾及水生昆虫，大鱼可以卖，小杂鱼就作黄鳝的饵料；也可以结合"四大家鱼"饲养池拉网，将野杂鱼和蜻蜓幼虫、蝌蚪等挑出，作黄鳝饵料；也可以定点收购小鱼虾、螺、蝌蚪和各种水生昆虫。

收购小鱼虾、螺、蝌蚪等鲜活饵料时，要选鲜、选小。

在黄鳝池上搭棚架种植一些瓜、豆、葡萄，既能遮阳降温，又能招引昆虫。在棚架上吊挂电灯，离池水面 20 厘米高，用黑布蒙住，晚上打开，诱引昆虫入池供黄鳝捕食。

畜禽的下脚料，如猪血、羊血、羊下水、猪下水等清洗干净，煮熟，切碎，投喂；蚕蛹晒干后也可以喂黄鳝。大规模养殖还可以驯化喂食配合饲料。

（2）**投饵**　黄鳝的生长季节从 4 月至 11 月底，生长最快的季节是 7 ～ 10 月份，水温 25℃左右这一段时间。野生鳝种入池后，要先驯食。驯食方法同网箱养殖。人工培育的鳝种入池后第三天可直接投喂配合饲料。

如果鲜活饵料充足，应以蚯蚓、蝇蛆、螺蚌肉及畜禽内脏等新鲜饵料为主，同时辅喂适量的麦麸、饼粕、瓜果等植物性饵料或人工配合饲料。动物性饵料一般洗净后，用 20 克 / 米^3 高锰酸钾溶液浸泡 10 分钟，再用清水漂洗干净。

饵料要投放在沉于水面下 3 厘米左右的食台上。为避免集群争食，食台应适当多设，分散投喂。严禁投喂被污染或腐败变质的饵料。投饵要坚持"定时、定点、定质、定量"的原则。每天傍晚投喂 1 次，在摄食旺季，白天可加投 1 次，但量要小，饵料要鲜活，占日投饵量的 1/4。投饵时要先投大的后投小的，先投粗的后投细的，大的饵料要切碎投喂。1 天的投喂量根据池中黄鳝总重量确定。放养黄鳝前称量鳝种的总重量，入池后 1 个月内按总重量的 3% ～ 4% 投饵，随着黄鳝的长大，摄食旺期的来临，水温 20 ～ 28℃时，一般每天鲜饵投喂量为鳝体重的 10% 左右，干饵量为鲜饵的 50%。水温降至 20℃以下或升至 28℃以上时，日投饵量为鳝体重的 3% ～ 4%。每天早晨要坚持巡塘，及时捞出残饵，如果残饵较多，要减少投饵量。

饲养期间，根据天气、水温、水质、鳝鱼的摄食情况适当调整投饵量是养殖成功的关键，若遇到恶劣天气或水质恶化、鳝鱼摄食下降等情况，一定要减少投食，不要强投，造成剩饵，败坏水质，引发疾病。

3. 日常管理　主要工作见图 5-4。

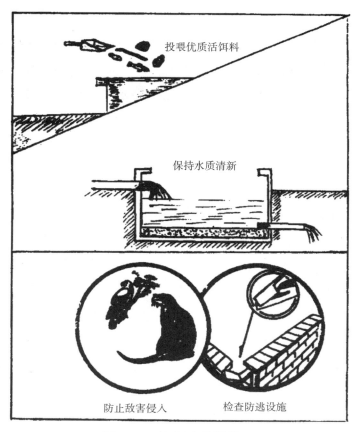

投喂优质活饵料

保持水质清新

防止敌害侵入　　检查防逃设施

图 5-4　静水池养鳝管理

（1）**调节水质** 鳝池水深控制在30～60厘米（根据水温调节），及时清除池中残饵及污物，保持水质"肥、活、嫩、爽"，水色清爽，呈淡褐色或浅黄褐色，且经常变化，使池水肥而不老，春秋季1周换1次水，夏季1～2天换1次水，高温天气1天换1次。每次换水，先捞出剩余的饵料，再排出池水的1/3，然后再注入新水到原来的水位。定期施用生石灰调节酸碱度，控制池水 pH 值在7左右。在池中放养鱼虫不仅有净化水质的作用，还能为仔鳝提供鲜活优质的饵料。

（2）**控制水温** 黄鳝养殖最佳适温是24～28℃。养殖期间要采取有效措施，尽量将水温控制在该范围之内。控制水温的方法有：

①加水 当水温升至30℃以上时，应及时放掉表层1/3的水，加注新水，有条件的最好采用小流量的长流水。加注新水应缓缓注入，加水前后温差不大于3℃。

②遮阳 池上方搭遮阳棚，栽种葡萄、丝瓜、扁豆等藤蔓作物，面积占池面的1/3～2/3，让池水既保持一定光照，又避免较高水温。

③种草 池水中种植水葫芦、水花生、水浮莲等漂浮水草，水草面积控制在水面的50%以下，池内置少量瓦块、树桩等，供黄鳝栖息、隐藏和避暑。

（3）**防治疾病** 黄鳝在养殖过程中，一旦患病很难治疗。因此，养殖中，要树立"以防为主，防治结合，重在预防，及时治疗"的防治疾病的原则。选择苗种时，仔细检查，去掉伤病残的鳝种；运输、下塘时，谨慎操作，轻拿轻放，避免苗种受伤；下塘前，苗种消毒要得当；下塘后，及时投喂新鲜适口、充足的饵料，残渣剩饵及时捞出；保持水质清新，溶氧充足；及时搭遮阳棚，及时降温；每天早中晚巡塘，看天、看水、看鱼，发现不良状况，及时采取补救措施；记好养殖日志，为防治疾病提供第一手资料。

（4）**防逃** 经常检查进排水口的塑料网或铁丝网是否完好，发现漏洞，及时修补。雨天要及时排掉多余的水。

（5）**防害** 晚上勤巡塘，捕捉青蛙，堵蛇洞；在池边栽一些荆棘，防止犬、猫靠近水边；在池周竖几个稻草人驱吓翠鸟等水鸟。

三、黄鳝稻田养殖

（一）养鳝稻田选择和改造

1. 养鳝稻田的选择 稻田要求水源充足，水质良好，管理方便，排灌方便，旱季不干，大雨不淹，无污染，地下没有冷泉水往上涌。稻田所处地形要平坦，坡度较小，要求田埂高而牢固，能保水 30 厘米以上，不易被冲垮。稻田中种植的最好是单季中稻或晚稻。

稻田面积以 1 公顷以内为好，土质以壤土和黏土为好，土质肥沃疏松，保水力强，腐殖质丰富，耕作层土质呈酸性或中性。泥层深 20 厘米左右，干涸后不板结，容水量大，保肥力强，特别是鱼沟、鱼凼中的水要经常稳定在所需水深，水温也较稳定，有利于天然饵料繁殖。

2. 养鳝稻田的改造　养殖黄鳝的稻田必须经过一系列修整才能使用，包括建防逃墙，挖鱼沟鱼凼，建进排水口，加装防逃网等。

（1）建防逃墙　防逃墙建在稻田四周，高 1.1 米，高砖砌成。水面以下 50 厘米砌到硬泥层，水面以上砌 50 厘米，顶部用砖砌成"T"字形，并用水泥勾缝，防止黄鳝一条条用尾巴勾在砖缝搭起"架子"逃跑。也可以用水泥瓦围在稻田四周砌防逃墙，水泥瓦底部埋入土中 20 厘米，而且略向内倾斜；还可以在稻田四周每隔 1 米埋 1 根高 1 米左右的木桩，在木桩内侧沿稻田四周钉上 50 厘米高塑料薄膜，薄膜底部埋入土中 20 厘米，木桩和塑料薄膜略向内侧倾斜。

（2）挖鱼沟、鱼凼　鱼沟就是黄鳝在稻田中的通道，鱼凼就是稻田中的深水部分，是黄鳝栖息的主要场所，又叫鱼窝、鱼溜（图 5-5）。

鱼沟又分环沟、中心沟和垄沟三部分，根据田地大小挖成"田""目""围"字形，中间为主沟或中心沟，四周的"口"就是环沟，环沟不要紧靠田埂，要离开田埂 1 米，防止下雨时冲垮田埂淤塞鱼沟。挖鱼沟时，先开环沟，再挖中心沟，然后开沟起垄种水稻。环沟要在水稻插秧前 1 周开挖。先在稻田中施足基肥，用犁翻后耙平，隔 2 天排干田水，使浮土沉实，在田四周离田埂 1 米处挖宽 50 厘米、深 50 厘米的环沟，田埂边做一垄栽插水稻，以防田埂塌陷漏水逃鱼。开挖环沟的表层土可用来加高田四周的垄

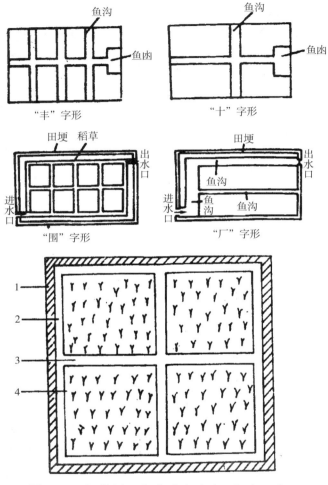

图 5-5　各种稻田鱼凼（鱼窝）、鱼沟示意图
1.防逃墙　2.环沟　3.中心沟　4.稻田

面，底泥可用来加固田埂。然后再开挖中心沟，与环沟相通，视田块大小及形状，开挖成"一""二""十""井"字形，深 50 厘米，宽 50 厘米。

环沟、中心沟开挖后，根据稻田类型、土壤种类、水稻品种、鳝种放养规格的不同要求开沟起垄。起垄开沟分两次进行，第一次先起模垄，隔1～2天待模垄泥浆沉实后，再第二次整垄。起垄时垄沟要直，东西走向最好。垄沟一般深20～30厘米，以到硬泥层为宜，垄沟宽33～40厘米，垄面宽有52.8厘米、66厘米、92.4厘米、105.6厘米等4种规格。在垄面上种稻，在垄沟里养黄鳝。当然，也可以只要中心沟和环沟，不要垄沟。

　　鱼凼一般在稻田的中央和四角上，沟与沟相交的地方，形状有长方形、正方形、圆形和椭圆形，以长方形和正方形为好，深0.5～1米。凼壁和凼底用砖或石砌成，水泥勾缝。凼底铺30厘米肥泥。鱼凼周边缘要堆高、宽各10厘米的凼埂，埂上可以栽种瓜、豆、葡萄等作物，也可以搭遮阳棚。

　　鱼沟、鱼凼也可以用作繁殖饵料生物的场所，在排水沟附近的鱼沟沟底或鱼凼凼底，用鸡粪、牛粪和猪粪等混合铺10～15厘米厚，上面再铺10厘米厚的稻草和10厘米厚的泥土，让肥分慢慢释放出来，既培养饵料生物，又可让黄鳝、泥鳅在高温时避暑，田水干涸时栖息。

　　（3）进排水口装防逃网　稻田的进水口、排水口一般都不会安塑料管，而只是在稻田的对角上分别挖缺口作为进排水口，因此一定要安装坚固的防逃网。防逃网可以用网目2毫米的铁丝网或周围带木框架的塑料、尼龙网布，也可以用竹篾编织（图5-6）。防逃网网面成"U"形，进水口凸面朝田外，出水口凸面朝田内，以加大过水面积，

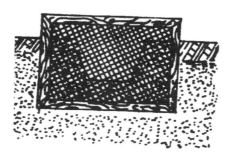

图 5-6　防逃网

避免有时水流过大冲垮防逃网。面积小、过水量不大的田块，建一道防逃网即可；面积大、过水量大的田块，进排水口都要建两道防逃网，第一道网目可稍大，阻拦草渣、浮萍、浮沫或其他杂物，第二道网目要密，能拦住田中最小的黄鳝。

（二）稻田养殖黄鳝要点

1. 稻田修整与消毒　先选稻田，再建防逃墙，插秧前1周挖鱼沟、鱼凼，建进排水口，安装防逃网。多年养鱼的稻田，要对上述设施进行修整，并在插秧前15天消毒。常有药物有生石灰和漂白粉，每100米^{2}用量分别为4～5千克和0.5千克，加水溶化，全池泼洒，底泥要用耙子耙一遍，使药力充分杀灭泥中的细菌和杂鱼虾。7～8天后，放进几条鱼试水，观察是否活动正常，如果没有异常情况，说明药物毒力消失，就可以施肥、插秧、放鳝种。

2. 放养　放养的鳝种就近收购，运输时间越短越好，鳝种最好是深黄大斑鳝或土红大斑鳝，身体健壮，无伤、无病、无残，活动有力，规格大小一致。以 40 尾 / 千克左右为宜，放养密度 0.5 千克 / 米^2 左右，一次性放足，规格大的鳝种要少放。同时可放养少量鲫鱼、泥鳅、青虾等，为黄鳝提供基础饵料。鳝种放养时用 2.5% ～ 3% 食盐溶液浸浴消毒 5 ～ 8 分钟。

3. 投饵　黄鳝喜食鲜活蚯蚓、小鱼虾、黄粉虫、蚕蛹、蝇蛆等动物性饵料，还可以喂禽畜内脏、碎肉、下脚料，适当搭配麦芽、豆饼、豆渣、麦麸或瓜果、蔬菜。养殖中大量的鲜活饵料难以保证供应，必须及早驯食，使其摄食人工配合饲料。驯食一般在苗种放养数天后，已适应新环境后开始。方法同网箱养殖。

投饵要"定时、定点、定质、定量"。每天晚 7 时投喂，7 ～ 9 月份摄食旺季，上午加喂 1 次，不要随便改变投喂时间。投喂时要将饵料放在鱼凼内的食台上，食台就是在鱼凼内吊放一个用木框和密眼网做的台，安放在水面下 3 厘米处。饵料一定要新鲜，残饵及时清理，每天投喂量为黄鳝总重量的 4% ～ 8%，气温低、气压低时少投，天气晴好、气温高时多投，以第二天无剩饵为准。

稻田四周装几盏黑光灯、日光灯或白炽灯，夜晚打开一段时间，既便于观察黄鳝活动，又能引诱昆虫供黄鳝摄食，增加动物性饵料。

4. 保持水深　稻田中水位保持要采取"前期水田为主，多次晒田，后期干干湿湿灌溉法"。具体操作是：8 月 20 日前，稻田水深保持 6 ～ 10 厘米，20 日开始排干田内水，鱼沟、鱼凼内水位保持 15 厘米，晒田。而后再灌水并

保持水位 6～10 厘米，到水稻拔节孕穗前，再轻微晒田 1
次。从拔节孕穗期开始至乳熟期，保持水深 6 厘米，往后
灌水与晒田交替进行到 10 月中旬。10 月中旬后保持稻田
水位 10 厘米至收获。

5. 管理　坚持早晚巡查，要认真观察黄鳝生长、吃食
情况，发现疾病及时治疗；水稻施肥、喷药时，要将黄鳝
引诱到鱼凼内，排干鱼沟内的水再进行；要经常检查围墙、
防逃网是否有逃鱼迹象，及时采取相应措施，注意清除敌
害。雨天要检查排水口是否畅通；要勤换水，保持良好水
质和适宜的水温，高温季节要在鱼凼上方搭棚遮阳，鱼凼
内可以少量种植一些水花生、水葫芦和水浮莲，既净化水
质，又降低水温。每当天气有变化时，更要注意观察黄鳝
活动状况。天气闷热时，如果发现黄鳝出洞，竖起身体前
部，头露出水面，说明水中缺氧，要及时换水；如果发现
黄鳝离开洞穴，独自懒洋洋地游泳，身体局部发白，说明
黄鳝患病，要及时采取防治措施。

（三）水稻栽培

水稻应选择生长期长、抗病害、抗倒伏的品种。移栽
时推行宽行密植，株行距一般为 15 厘米×15 厘米。水稻
移栽前要施足基肥，长效饼肥为主。防治水稻病虫害时，
应选择高效低毒或生物农药，常见农药中对黄鳝影响最大
的是敌敌畏、对硫磷，其次是乐果。喷药时喷头向上对准
叶面，并加高水位。用药后及时换水，防止农药对黄鳝
产生不良影响。在水质管理上坚持早期浅水位（5～10 厘

米），中期深水位（15～30厘米），后期正常水位，基本符合稻、鳝生长的需要。

（四）稻田施肥

施肥对水稻和养鱼都有利。养鳝稻田施肥要以基肥为主、追肥为辅，以有机肥为主、化肥为辅。有机肥多为人及畜禽的粪尿。化肥有磷肥、氮肥、钾肥，常以钙磷肥和过磷酸钙为主。钙镁磷肥施用前应先和有机肥料堆沤发酵，堆沤时将钙镁肥拌在10倍以上有机肥料中，沤制1个月以上；过磷酸钙最好也与有机肥料混合使用，或与厩肥、人粪尿一起堆沤。氮肥主要有尿素、硫酸铵、碳酸铵。钾肥主要有硝酸钾、硫酸钾。

施肥时，要在插秧前施基肥。人畜粪肥作基肥每亩施800～1 000千克；长效尿素作基肥，每亩用量25千克；碳酸铵作基肥，每亩用量25千克。可补充3千克硫酸钾或硝酸钾、3千克过磷酸钙或钙镁磷肥。1周后插秧和放鳝种。以后在生长期内，经常追肥，每次追肥量少、次数多，分片撒施。基肥占全年施肥量的70%～80%，追肥占30%～20%。几种常见化肥安全用量（每亩）为：硫铵10～15千克，尿素5～10千克，硝酸钾3～7千克，过磷酸钙5～10千克，碳酸铵15～20千克。碳酸铵必须土制成球，深施。注意过磷酸钙不能与生石灰混合使用，因两者能起化学反应，降低肥效及药效。

稻田中常用的对黄鳝有影响的主要化肥，如果按常规量施用，一般没有危险。但在施肥时，一定要先将黄鳝引诱进鱼凼内再施肥。

（五）稻田用药

养鳝稻田施药要选高效低毒农药，如乐果、杀虫双、敌百虫、叶蝉散、稻瘟净等，其常规施用量分别为每亩 60～75 千克、25% 水剂 500 倍溶液喷雾、50～15 克、2% 粉剂 2 千克、40% 乳剂 50～150 克。这些药物的常规用量都远低于鱼类的安全浓度，因此只要认真按说明施药，就对鳝鱼无害。但对某些在环境中消解缓慢的农药，应考虑到其在鱼类体内造成的积累和慢性中毒。如杀虫双，它对鱼类低毒，但却在水中降解慢，易在鱼体内积累。因此，中稻田在应用杀虫双时，最好在二华螟发生盛期喷施，水稻生长的前期、后期不要施用。

施药时先加大水深，稻田水层保持 6 厘米以上，粉剂应在早晨稻株带露水时喷撒，水剂应在晴天露水干后喷洒。下雨天不要施药。喷洒时，喷雾器喷嘴伸到叶下，由下向上喷，尽量喷洒在水稻茎叶上，减少农药落入水中，不提倡拌土撒施。施用毒性较大的农药时，可将田水放干，将黄鳝引诱到鱼凼内再施药，待药力消失后，再向稻田中注水，让黄鳝游回田中。有时黄鳝可能要在鱼凼中等很长时间，为避免缺氧，要每隔 1～2 天向鱼凼内冲 1 次新水。也可以采用分片施药的方法，即一块田分天施药，头天半块田，第二天另半块田。

注意：稻田用药不要选择杀虫脒（又名克杀螨、"脒 8"等）。该药物已被农业部列为动物性食品生产禁用品清单中。

四、黄鳝水泥池养殖

（一）水泥池准备

1. 水泥池的建造　水泥池有 3 种形式：地上式、地下式和半地下式（图 5-7）。养黄鳝一般不用地上式，因为地上式水泥池夏季温度偏高，冬季温度偏低，对养鳝不利，通常建地下式或半地下式。

建池要选在背风向阳、靠近水源、周围安静、没有高大树木或房屋遮阳的地方。池以东西走向、长方形或椭圆形最好。先在平地挖土 30～40 厘米深，池壁用砖或块石、水泥浆砌成，水泥抹面，地面以上高 60 厘米左右，壁顶用砖横砌成"T"字形压口防逃。池底填一层碎石夯平，或用黄土、石灰、黄沙制成三合土后，在池底铺 10～20 厘米厚，夯结实。池不要太大，一般成鳝养殖水泥池面积 2～30 米^{2}均可。

建池时要安排好进、排水管道和溢水管的位置。进水口要高于水面 20 厘米，排水口位于池的最低处。进、排水口在池中呈对角线排列，口内分别安装 4～10 厘米管径的

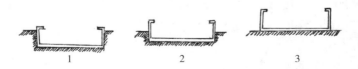

1　　　　　　　2　　　　　　　3

图 5-7　各种水泥池示意图
1. 地下式　2. 半地下式　3. 地上式

水管，池内一端管口绑上塑料网或铁丝网，防止黄鳝顺管逃走。在池底泥面下还要开一个涵洞，用于排干池水；在池壁最高水位线之上设一溢水管，以供下雨天水位上涨时，自动溢水，防止池水漫池面逃鱼。这两种排水设施都要绑上塑料网或铁丝网（图5-8）。

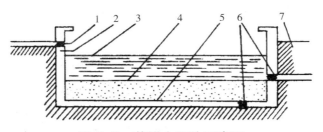

图5-8　养鳝水泥池示意图

1.进水口　2.池壁　3.水面　4.泥层
5.池底　6.排水口　7.地面

2. 水泥池的脱碱　养鳝水泥池建好后，也要注水清池，一是检查新鳝池是否漏水，二是利用水吸收、清除水泥和三合土中的有害物质。发现漏水，及时修补。新池注水、排水3～4次，每次浸泡2～3天。十数天后，在排干水的池底铺上20～30厘米厚的肥泥，用脚踩实。肥泥用青草、厩肥、土壤混匀后沤制而成。

肥泥铺好后，在池中种植些水葫芦、水花生、水浮莲和绿萍等水生植物，占池水面积的1/3左右，供鳝池降温和黄鳝隐藏栖息。最后注入20厘米左右清水。

（二）养殖管理

水泥池养殖有流水养殖和静水养殖。

1. 鳝种放养

（1）**放养时间** 最好选择在 4 月底至 5 月初，天气晴朗，水温稳定在 15℃左右时。

（2）**鳝种消毒** 同网箱养鳝。

（3）**鳝种规格** 放养前鳝种要挑选一下，大小分开，体长相近的鳝种要放在同一个池中饲养，体长相差大的要分池饲养，否则就会出现大鱼吃小鱼的情况。

（4）**放养密度** 根据饲养方式确定放养密度，放养规格以 20～50 克/尾为宜，按规格分池饲养。面积 20 米^2 左右的流水饲养池放养鳝种 1.0～1.5 千克/米^2 为宜，面积 2～4 米^2 的流水饲养池放养鳝种 3～5 千克/米^2 为宜，静水饲养池的放养量约为流水饲养池的二分之一。

2. 投饵技术 野生鳝种入池宜投饵蚯蚓、小鱼、小虾和蚌肉等饲料，鳝种正常摄食 1 周后，每 100 千克鳝用 0.2～0.3 克左旋咪唑或甲苯咪唑拌食驱虫 1 次，3 天后再驱虫 1 次，然后开始驯食配合饲料。驯食方法同网箱养鳝。进行鳝种的驯食最好不要选择 300 米^2 以上的较大鳝池，应选择较小的鳝池。因为黄鳝摄食是综合运用嗅觉、味觉和侧线系统，必须在一定范围内，黄鳝方可发现和捕食食物。

人工培育的鳝种，在培育阶段已经能摄食人工配合饲料，可以直接投喂配合饲料。

饲料投喂应做到"定时、定点、定质、定量"。

定时：水温 20℃～28℃时，每天 2 次，分别为上午 9 时前和下午 3 时后；水温在 20℃以下，28℃以上时，每天上午投饲 1 次。

定点：饲料应固定投放在沉于水面下 3 厘米左右的食台上。食台位置应随水温变化而做适当调整，水温升高时位置下降，反之上升。

定质：动物性饲料和植物性饲料应新鲜、无污染、无腐败变质，投饲前应洗净后在沸水中放置 3～5 分钟，或用高锰酸钾 20 克/米³ 浸泡 15～20 分钟，或食盐 5% 浸泡 5～10 分钟，再用淡水漂洗后投饲。

定量：水温 20～28℃时，配合饲料的日投喂量（干重）为鳝体重的 1.5%～3%，鲜活饵料的日投喂量为鳝体重的 5%～12%；水温在 20℃以下，28℃以上时，配合饲料的日投喂量（干重）为鳝体重的 1%～2%，鲜活饵料的日投喂量为鳝体重的 4%～6%；投喂量的多少应根据季节、天气、水质和黄鳝的摄食强度进行调整，所投的饲料宜控制在 2 小时内吃完。

3. 日常管理

（1）调节水质 黄鳝是喜浅水和喜温性的动物，所以在早春季节，水位应控制在 10～15 厘米，以利于水温上升。生长期水深保持 20 厘米左右，夏季高温季节可加深至 30 厘米左右，并视天气变化调节水深。

黄鳝生长要求水质肥、清洁、溶氧足，其体表有很多黏液。若养殖密度大，又不及时换水，黏液也会越积越多。这些黏液在分解时要消耗大量溶氧，并产生热量，使水温明显升高，造成黄鳝死亡。因此，要做好换水工作，以保持水质清新，提高黄鳝食欲，加强饵料转化。换水是清除池塘污物、增加溶氧、保持水质清新的有效途径。换水次数应根据黄鳝的放养密度、投饵情况、水质情况、气温等灵活掌握，时间一般以晴天中午为好。当气温较低时不用换水。气温升至15℃时，可每周换水1次，每次换水占总水量的1/4；气温升到20℃左右时，可每5天换水1次，每次可换水1/3；水温升到25℃以上时，要每隔1～2天就要换1次水，还要经常灌注新水。黄鳝对水温差反应较为敏感，一旦换水前后的温差超过3℃，黄鳝就可能患上感冒病而死亡。所以换水时，应尽可能换同温水。一般措施是增建一个蓄水池，水经暴晒后再进行换水。保持水质"肥、活、嫩、爽"，水色清爽，呈淡褐色或浅黄褐色，且经常变化，使池水肥而不老。

投饵不宜过多，黄鳝吃不完会腐烂变质，使水质变坏，应及时清除池中残饵及污物。

定期施用生石灰调节酸碱度，控制池水pH值在7左右。

池里种一些水葫芦、水花生、水浮莲等水生植物，可以起到净化水质的作用。在黄鳝池周围种上丝瓜、葡萄等藤蔓植物，夏日可遮挡阳光，降低水温，改善水质。在池中放养鱼虫不仅有净化水质的作用，还能为仔鳝提供鲜活优质的饵料。

（2）**控制水温**　采用加水、遮阳、栽种植物的方法控制水温。具体措施参见土池养殖黄鳝。

（3）**巡池**　坚持每天早中晚巡池，观察天气、水质和黄鳝的状况，发现不良状况，及时采取补救措施；残渣剩饵及时捞出；记好养殖日志，为防治疾病提供第一手资料。

做好防逃防敌害工作，具体措施参见土池养殖黄鳝。

（4）**防治疾病**　在黄鳝养殖中，要树立"以防为主，防治结合，重在预防，及时治疗"的防治疾病原则。

鳝病预防应以生态预防为主，药物预防为辅。

生态预防措施有：保持良好的空间环境：养鳝场建造合理，满足黄鳝喜暗、喜静、喜温暖的生态习性要求；加强水质、水温管理；在鳝池中种植挺水性植物或水葫芦、水花生等漂浮性植物；在池边种植一些藤蔓植物；在池中搭配放养少量泥鳅以活跃水体；每池放入数只蟾蜍，以其分泌物预防鳝病。

药物预防措施有：周边环境用漂白粉喷洒；饲养期间每 10 天用漂白粉（含有效氯 28%）1～2 克 / 米^3 全池遍撒，或生石灰 20 克 / 米^3 化浆全池遍洒，两者交替使用；坚持"四消"原则：即鳝体消毒、鲜活饵料消毒、食台消毒、工具消毒。食台应每天消毒后，清水冲洗再用。养鳝常用工具应每周消毒 2～3 次。用于消毒的药物有：高锰酸钾 100 克 / 米^3，浸洗 30 分钟；5% 食盐，浸洗 30 分钟；5% 漂白粉，浸洗 20 分钟。发病池的用具应单独使用，或经严格消毒后再使用。

在养殖过程中，应加强巡池检查，一旦发现病鳝，应及时隔离治疗。

五、黄鳝无土流水养殖

无土流水养殖法就是用水泥池养鳝，但池里面不铺土，黄鳝不打洞而利用人工洞穴，池中微流水。这种养殖方式产量高，起捕方便，但成本较高。

（一）无土流水池准备

流水鳝池用水泥、砖或石块砌成，底面积为 $2\sim4$ 米^2，池壁高 40 厘米，大部分在地上。设一个进水管，在池底；两个排水管，一个在池底，另一个高出池底 5 厘米，进排水管在池内的一端用塑料网或铁丝网绑牢，防止黄鳝顺管逃逸。若干个小池并成一排，数排组成一个养鳝大池，每两排合用一个进排水道，与每个小池相连，每排进排水道分别与总进排水道相通。整个养鳝大池由一堵宽厚的围墙组成外池壁，高 $80\sim100$ 厘米，宽 30 厘米左右，并安装带防逃网的总进水口和总排水口（图 5-9）。

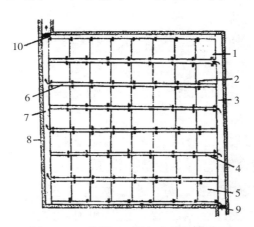

图 5-9　黄鳝无土流水池平面图

1. 小池进水管　2. 小池排水管　3. 总进水管　4. 各排进水道
5. 养鳝小池　6. 各排排水道　7. 总排水道　8. 外池壁
9. 进水道防逃网　10. 排水道防逃网

每个小池中都纵向排放有数排屋脊瓦，作为人工洞穴。

（二）养殖管理

1. 人工鱼巢设置 流水鳝池建好后，将大鳝池的总排水口关闭，蓄满水浸泡 10 天，中间换 3 次水，然后将水全部排干。将各个小池底部的排水孔关闭，蓄水深 5 厘米，然后打开总进水口、总排水口、各小池进水口和排水口，保持每个小池都有微流水，放入屋脊瓦作人工鱼巢，也可用废旧自行车轮胎、各种管子、竹筒、砖隙、水草等。

人工鱼巢设置原则：便于黄鳝自由进出，内部黑暗，有足够的空间。

2. 水草移植 池内移植水花生、水葫芦、水浮莲、细绿萍等，面积不超过全池面积的 2/3。夏季以水葫芦和水浮莲为主，春、秋季以水花生和细绿萍为主，冬季不留水草，防止黄鳝栖身水草下冻死。水草在鳝种放养前 15 天投放。投放前用 100 克 / 米^3 高锰酸钾溶液，浸泡消毒 0.5 小时，或用 10 克 / 米^3 硫酸铜溶液，浸泡杀虫，清水漂洗后移植入池。

日常管理中，及时将多余的水草捞出或将过长的水草刈割，并结合鳝池消毒在草上泼洒 10 克 / 米^3 生石灰或 0.7 克 / 米^3 硫酸铜溶液，防止水草病菌感染。

3. 鳝种放养 鳝种放养前要使用药物浸泡消毒，方法参见网箱养鳝。然后按 2～4 千克 / 米^2 放入养殖池。水温 15℃以上开始喂食。

4. 投喂 鳝种入池头 3 天不喂食，第四天开始投喂，

如果第四天水温达不到15℃以上，也不要投喂，直到水温
达15℃以上再喂。喂食时间应在傍晚，每天1次，摄食旺
期上午增加1次。投饵时要适当加大进水水流，将饲料放
在各小池进水口附近，这样黄鳝就会很快出洞戏水争食。
每天的投饵量为黄鳝体重的7%～8%。

5. 管理　要经常检查进排水口上的防逃网，发现松
脱、破损及时补修；水流要过大，只要微流水就行，但时
间长了，要将池底排水管打开，加大进水量，使粪便、污
物、剩余饵料等顺水冲出池外。养鳝池水浅，黄鳝易遭猫、
犬伤害，要防止其靠近池边。要经常观察黄鳝长势，发现
有大小不均、生长相差悬殊的情况，要及时排干池水捞出
黄鳝，大小分开，分池饲养。

六、鳝蚓合养

鳝蚓合养就是将黄鳝、蚯蚓养在一起，用蚯蚓投喂黄
鳝的饲养方法。具体做法就是在流水黄鳝池里堆上一畦畦
的土，施上粪肥养蚯蚓，畦与畦之间养黄鳝，每天从土中
挖出蚯蚓投喂黄鳝。

（一）鳝蚓合养池准备

选择水源方便、背风向阳的地方建造鳝蚓合养池。池
用水泥、砖石砌成，整个池呈"弓"形渠道状。池深50厘
米，地下部分10厘米，地上部分40厘米，宽30～40厘
米。进水一端设一进水口，在它的对角上设两个排水口，

一个与池底等高，一个比池底高 10 厘米。进排水口都要绑上塑料网布或铁丝网，防止黄鳝顺管逃逸。池里渠道中间放上一些屋脊瓦，供黄鳝休息、藏匿，各平行渠道间相隔1.5 米远围成 "n" 字形，中间堆上土，做成土畦，用于养蚯蚓，称为 "蚓床"（图 5-10）。

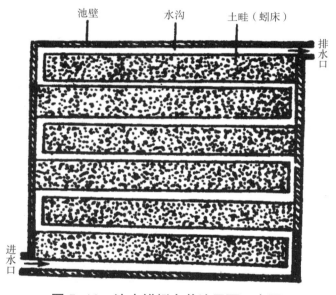

图 5-10　流水鳝蚓合养池平面示意图

（二）养殖管理

1. 蚯蚓的饲养管理　适宜人工养殖的蚯蚓品种有青蚓、日本赤子爱胜蚓、威廉环毛蚓、太湖红蚯蚓等。在蚓床上先将新鲜牛粪铺成 20～30 厘米宽的条，条与条中间留 10～15 厘米的空。放养蚯蚓种以前，用水浇透蚓床，然后每平方米放 200 克蚓种。放好蚯蚓种后，再补浇些水，让行动慢的蚯蚓钻入蚓床，然后在蚓床上加盖稻草帘保温、通气、防暑、防冻，稻草帘上也浇些水。以后每隔3～5天，刮去旧牛粪，换上新鲜的牛粪，约2周后，蚯蚓会大量繁殖，可以挖出来，洗干净后投喂黄鳝。

蚯蚓的饲养管理要点主要如下：

（1）**通气**　蚓床牛粪条间空隙至少在8厘米，阴雨天气期间要经常巡视，不要让水冲垮蚓床。隔3～5天，就要更换1次牛粪。

（2）**保温**　在蚓床上盖草帘或稻草，并经常洒水，保持潮湿，掌握蚓床基料含水量30%～50%。一般夏季每天下午浇水1次，春秋季每3～5天浇水1次，低温期每隔20天浇水1次。浇水量以浇透牛粪为准。

（3）**防寒**　有些蚯蚓，像太湖红蚯蚓，日本赤子爱胜蚓能自然越冬，但要采取相应的保温措施，在蚓床的稻草帘上面再加盖一层塑料薄膜保温，这样蚯蚓不仅能顺利越冬，还能正常生长繁殖。

（4）**繁殖**　在平均气温20℃时，性成熟的蚯蚓交尾7天后便可以产卵，经19天孵化出小蚯蚓，生长38天便能产卵繁殖。整个过程仅60天左右。因此要提供充足的牛粪，使蚯蚓多吃、快长、早产卵，提高孵化率和成活率。

（5）**防天敌**　在蚓床周围拦上密网，并在网外每70厘米放上1包灭蚁药。药包要三面包好，一面敞开，使药力慢慢挥发出来。

2. 黄鳝的饲养管理

（1）**鳝池消毒**　黄鳝放养前，消毒方法同土池养殖黄鳝。

（2）**鳝种放养**　池内蓄水 15 厘米，蚯蚓放种后 10 天放养鳝种。鳝种放养前要消毒，用 3%～4% 食盐水浸泡 5～10 分钟，然后按 1～2 千克 / 米² 的量放入鳝种。

（3）**保持水质**　鳝种入池后，进排水口要半开，使池内保持微流水，每隔 1 周，打开池底排水口，将残渣剩饵等污物排出。

（4）**鳝种投喂**　以投喂蚯蚓为主。鳝种入池 3 天后开始投喂。每天在蚓床中挖出蚯蚓，经涮洗后，丢入鳝池，投喂量根据黄鳝食量而定，每天投喂量占黄鳝体重的 4%～8%，吃得多则多投，吃得少则少投。每天傍晚投喂，以第二天早晨没有剩饵为准。5～6 月份和 9～10 月份，水温 20～28℃时每天上午增加投喂 1 次，以少量瓜果、小鱼虾等为主。

（5）**水质管理**　鳝池水深控制在 15 厘米左右，及时清除池中残饵及污物，保持水质"肥、活、嫩、爽"，水色清爽，呈淡褐色或浅黄褐色，且经常变化，使池水肥而不老，春秋季 1 周换 1 次水，夏季 1～2 天换 1 次水，高温季节 1 天换 1 次。每次换水，先捞出剩余的饵料，再排出池水的 1/3，然后再注入新水到原来的水位。定期施用生石灰调节酸碱度，控制池水 pH 值在 7 左右。

（6）**防暑降温措施**　夏季高温季节，在鳝池上方搭建葡萄架、瓜棚，或使用遮阳网，防止太阳暴晒，降低水温；在鳝池中栽种水葫芦、水花生、水浮莲、慈姑等，既改良水质，又降低水温；加大进水和排水速度，加快池循环，但也不要盲目加大，要以每天换池水一次为准。

（7）**防病防害防逃**　每天要坚持早、中、晚 3 次巡塘，观察黄鳝活动情况和长势，检查防逃网，尤其是雨天，更要勤检查，防止冲垮蚓床，防止黄鳝外逃，发现黄鳝有躁动不安、不肯吃食、身体上有异物、很长一段时间不见长等异常现象，要及时诊断并采取措施。

七、其他养鳝方式

（一）庭院缸养黄鳝

1. 养殖缸的准备　养黄鳝的缸大小都可以，口径、底径大的缸更好，但一定要超过 50 厘米深，才能防止黄鳝逃逸。水缸底放上几块屋脊瓦，首尾相连，或放石块后盖上瓦片，形成人工洞穴，供黄鳝栖居。缸底不铺泥土。

2. 投喂　黄鳝入缸头 3 天不喂食，让它适应一下环境，第四天开始投喂。春秋季 1 天喂 1 次，中午喂；夏季 1 天喂 2 次，早上 8～9 时和下午 4～5 时喂，避开一天中最热的正午。投喂一定要定时，不要随便改变，影响黄鳝摄食。投喂还要按饲料的规格先投大的，再投小的，先投粗的，再投细的，吃完再喂。

饲料的种类很多，有蚯蚓、小杂鱼、蝌蚪、蝇蛆、小螺蚌等。由于庭院缸养一般都是小规模饲养，需要饲料量小，所以可以自己养蚯蚓，也可以养孔雀鱼，让它不断繁殖小鱼投喂，春天还可繁殖普通的金鱼投喂，这些都是简单、经济的鲜活饵料来源。

3. 饲养管理　日常主要管理工作见图 5-11。

（1）**换水**　水质浑浊会使黄鳝厌食，精神不振，继而感染疾病。所以要经常换水以保持水质清新。夏季 3 天 1 次，春秋季 1 周 1 次。将石块和瓦片取出，捞起黄鳝，倒掉缸中水，用硬炊帚清除掉缸壁青苔，再用清水冲几遍，换上清水，待缸中新水与原缸中水温差不多时，将黄鳝轻轻放回缸中。

养黄鳝的水不能直接用自来水，应将自来水充分暴晒后再用。换水时间要选在清晨。雨天要将缸移入室内，或倒掉一部分缸中水，或在缸上加盖，避免水过满黄鳝逃掉。

（2）**水温调控**　黄鳝对水温比较敏感，缸养黄鳝水体小，水温变化大，要特别注意水温调控。春秋季将鳝缸放在阳光充足的地方，盛夏则转移到树荫下，并将缸的下部埋入土中，还可以在缸里放 1 个小瓦盆，盆中种上睡莲，

换水

投饵

降温

图 5-11　庭院缸养黄鳝

使其叶浮于水面，既遮阳又美观。总之，要想方设法将水温控制在 20～24℃。

（3）**防病害敌害** 庭院缸养黄鳝要防家猫等敌害生物，必要时盖上缸盖。庭院缸养黄鳝的病害主要是肠道寄生虫病，要注意预防和治疗。有人将敌百虫晶体用手塞入活金鱼口中，然后将金鱼逐条喂给黄鳝吃，连喂几天，治疗肠道疾病效果非常显著。

（二）莲田养黄鳝

1. 莲田准备 选择临近水源、水质较好无污染、高温季节不干涸的莲田养鳝。如果莲田埂高又宽，就不用建防逃墙，否则就要参考稻田养鳝，在莲田四周建防逃墙。还要在对角建进排水口，加装拦鱼设备。保持水位 30～50 厘米。

2. 放养 水温在 15℃时放养鳝种。要求鳝种健康活泼、无伤、无病、无残，规格一致。放养前要消毒鳝种，放养密度为规格 50 克的鳝种 20 尾/米^{2}左右，小鳝种可以适当多放。

3. 投喂 放养 3 天后喂食。每天傍晚投喂，固定食场，食场内吊放用木头框和密眼尼龙网做的食台。饵料一定要新鲜，及时清理剩饵。日投饵量为鳝体重的 4%～8%，具体量按实际吃食情况而定。

4. 管理 保持水位 30 厘米，维持水质清新，及时投喂饵料，经常检查修理防逃设备，雨天防止黄鳝随水外流。起捕黄鳝随采藕进行，捕大留小。黄鳝在莲田内可以自己繁殖，只要注意保护仔幼鳝，翌年初可以少放或不放鳝种。

（三）鱼鳝混养

鱼鳝混养是指在养鱼池塘里辅养黄鳝的一种养殖模式。其主要特点：一是常规养殖鱼类为主、黄鳝养殖为辅；二是利用鱼池中小杂鱼等作为黄鳝的饵料，节约成本；三是在鱼池周边移植水花生、水葫芦等水生植物，供黄鳝栖息；四是黄鳝在鱼池中可自然繁殖，作为来年养殖的苗种。其技术要点如下：

1. 池塘条件 池塘选择避风向阳、气流通畅，土质密实，水源充足、无污染源的地方建塘。土质最好为中性壤土或黏土。形状长方形、东西走向最好，池塘大小根据养殖规模而定。一般养鱼池塘要挖除过多淤泥，保持肥泥层厚度 20～30 厘米。池塘进排水设施完好独立，绑好防逃网。

池塘使用前要清整、消毒、施肥和移植水草。浅水区移植水花生、水葫芦等，深水区栽种莲藕，水草覆盖面积占池水面积的 25% 左右为宜。

2. 苗种放养

（1）苗种选择和放养密度 鱼鳅混养，以常规鱼种为主、黄鳝养殖为辅。常规鱼种可以选择鲢鱼、鳙鱼、草鱼、鲫鱼等，鲢鱼、鳙鱼、草鱼放养规格要大，应以 2 龄鱼种为主；鲫鱼可以放养夏花。放养量为每亩 100～300 千克。在少投精饲料的养殖模式下，肥水鱼与吃食性鱼的比例 1∶1；大量投喂精饲料的养殖模式下，肥水鱼与吃食性鱼的比例 1：0.3～0.6；鲢鳙鱼比例 3：1。

黄鳝苗种选择深黄或土红大斑鳝，野生和人工培育的鳝种均可，规格 40～50 尾 / 千克，放养量每亩 10～20 千克。一般黄鳝的放养量约为常规鱼种的 1/10。

（2）**时间** 常规鱼种最好在 3 月底至 4 月初，水温稳定在 10℃以上时放养。黄鳝应在水温稳定在 15℃以上时放养。

（3）**鱼种消毒** 常规鱼种和鳝种入池前都要用食盐或聚维酮碘、四烷基季铵盐络合碘消毒。

（4）**严格分级** 同一池塘同一种鱼应该大小规格一致。

3. 投饵技术 常规鱼养殖一般以配合饲料投喂。饲料投喂量、投喂时间按常规鱼养殖，投喂也应遵循"定时、定点、定质、定量"的原则。水温 20℃以下和 28℃以上时，按常规鱼养殖投饵即可，不必单独为黄鳝投饵；水温20～28℃时，每天傍晚，加投一些鲜活饵料，投放在水草茂盛处，分散投放，供黄鳝摄食。

4. 日常管理

（1）**调节水质** 池水深控制在 1.5 米以上，及时清除池中残饵及污物，保持水质"肥、活、嫩、爽"，水色清爽，呈淡褐色或浅黄褐色，且经常变化，使池水肥而不老，春秋季 1 周换 1 次水，夏季高温季节 2～3 天换 1 次水。每次换水，先捞出剩余的饵料，再排出池水的 1/3，然后再注入新水到原来的水位。定期施用生石灰调节酸碱度，控制池水 pH 值在 7 左右。

经常观察水色，依据水色及时施加追肥，保持水体肥度，透明度 25 厘米左右。

保持池中水生植物的面积占池水总面积的 25% 左右。水葫芦疯长时，要及时清除。在池周围种上丝瓜、葡萄等藤蔓植物，夏日可遮蔽阳光，降低水温，也能改善水质。

（2）**勤巡塘**　每天早中晚坚持巡塘，看天、看水、看鱼，及时发现异常状况，及时采取有效措施。高温季节，增加巡塘，防止鱼类浮头泛池。

（3）**防病、防逃防害**　参见土池养殖黄鳝。

（四）鳝鳅混养

鳝鳅混养，应以黄鳝养殖为主、泥鳅养殖为辅。放养主体是黄鳝，泥鳅放养量只占黄鳝放养量的 1/10 左右，投饵主要提供黄鳝的食料，泥鳅摄食黄鳝的残饵和水中腐殖质即可满足生长需要。在黄鳝养殖池里套养泥鳅，还可减少黄鳝疾病发生。因泥鳅在养殖池塘里，喜欢上下窜动，还会吃掉水体里的杂物，能起到净化水质和增氧的作用。

1. 养殖池的准备　选择避风向阳、环境安静、水源方便的地方建池。水泥池、土池均可，也可在水库、塘、水沟或河中用网箱养殖。面积 20～100 米^2，过大不好管理。

新建水泥池养黄鳝、泥鳅，放苗前一定要进行脱碱处理。若用土池养黄鳝、泥鳅，要求土质坚硬，将池底夯实。养鳝池的形状依地形而定，最好是长方形，东西走向。池深 0.7～1 米。无论是水泥池还是土池，都要在池底填肥泥层，厚 30 厘米，以含有机质较多的肥泥为好，有利于黄鳝和泥鳅挖洞穴居。建池时注意安装好进水口、排水口和溢水口的拦鱼网，以防黄鳝和泥鳅外逃。

放苗前10天左右用生石灰彻底消毒。并于放苗前3～4天排干池水，注入新水。向池内移植水花生、水葫芦、小浮萍或轮叶黑藻等水生植物，占水面面积的1/3左右。

2. 黄鳝和泥鳅的苗种选择 养殖黄鳝和泥鳅成功与否，种苗是关键。黄鳝种苗最好用人工培育驯化的深黄大斑鳝或土红大斑鳝，不能用杂色鳝苗。黄鳝苗大小以每千克40～50条为宜，过小摄食力差，成活率低。放养密度一般以1～1.5千克/米²为宜。黄鳝放养20天后，按黄鳝1/10的量投放泥鳅苗。黄鳝和泥鳅苗种均应无伤、无病、无残，反应灵敏，活动力强，同一种鱼规格一致。

3. 投喂 投放黄鳝种苗后的最初3天不要投喂，让黄鳝适宜环境。从第四天开始投喂饲料，每天19:00左右投喂饲料最佳，此时黄鳝采食量最高。人工饲养黄鳝以配合饲料为主，适当投喂一些蚯蚓、河螺、黄粉虫等。因此，野生鳝种入池后要先进行人工驯食。人工驯食的黄鳝，配合饲料和蚯蚓是其最喜欢吃的饲料。配合饲料可自配，也可以使用鳗鱼配合饲料。

投喂配合饲料，水温20～28℃时，日投喂量占黄鳝体重的8%～10%；水温20℃以下或28℃以上时，日投喂量为黄鳝体重的3%～4%。每天投喂1～2次。坚持"定点、定时、定质、定量"的原则。食台设在进水口附近阴凉处，水面下5厘米。

泥鳅主要以黄鳝排出的粪便和吃不完的饲料为食，比例大于1/10时，每天加喂1次麦麸。

4. 饲养管理 黄鳝和泥鳅的生长季节为 4～11 月，其中生长旺季为 5～9 月。在此期间，饲养管理要做到"勤"和"细"。即勤巡池，勤管理，及时发现问题及时解决。细心观察池塘里黄鳝和泥鳅的生长状态，以便及时采取相应措施。保持池水水质清新，pH 值 6.5～7.5，水位适宜。

5. 预防疾病 经常用漂白粉全池泼洒，用量 1 克 / 米^3 水体。

（五）鳝、鳖、龟生态循环养殖法

此法是江苏省宝应县子婴乡毕文彩创新的养鳝法。他将自己庭院里的鱼池划为一、二、三级养殖池，各级池之间以沟相连通。一级池主养黄鳝，同时在水面上培育浮萍，既净化了水质，又可使多余的浮萍和残饵流入二级池，供福寿螺和鳖食用；二级池中饲养鳖和福寿螺，螺可作为鳖的活饵料；二级池的残饵流入三级池，在三级池中饲养龟，并繁殖培育蚯蚓和蝇蛆，而蝇蛆和蚯蚓又可作为黄鳝、鳖、龟的活饵料。这种循环养殖法，使饵料、水体得到了充分利用，降低了生产成本，提高了综合效益。

为了给黄鳝、鳖、龟创造更接近自然水域的优良生态环境，他还在各级养殖池中人工建造了许多滩地、水洼及土堆假山，用砖瓦设置人工洞穴等，既能遮阳降温，又能给鳝、鳖、龟提供隐蔽、栖息场所。越冬期间，建造土温室和简易越冬房，白天利用阳光给温室加温，夜间利用草帘保温，保证各种养殖品种安全越冬。

利用这种养殖方式，毕文彩在 500 多米^2 的养殖池中，养殖了 20 多个品种的水产品，每年向市场提供鳝、鳖、龟 500 多千克，收入 4 000 多元，年存塘黄鳝 100 多千克，普通鳖、龟 200 多千克，名贵的绿毛龟、金钱龟 100 多只，幼鳖、幼龟 1 000 多只，福寿螺、日本大平二号蚯蚓 100 多千克，总价值 10 000 多元。

八、黄鳝无公害养殖技术

无公害农产品是指产地环境符合无公害农产品的生态环境质量，生产过程必须符合规定的农产品质量标准和规范，有毒有害物质残留量控制在安全质量允许范围内，安全质量指标符合《无公害农产品（食品）标准》的农、牧、渔产品（食用类，不包括深加工的食品）。经专门机构认定，许可使用无公害农产品标识的产品。

也就是说，无公害农产品的生产过程中，产品的产地环境、生产中的所有行为及生产的产品均应符合各级标准的规定。目前我国农业部颁布施行了《NY/T 5169—2002 无公害食品黄鳝养殖技术规范》。该标准名称中"NY"指农业，"T"指推荐，即该标准为推荐标准，非强制标准。各地养殖户在进行黄鳝养殖生产中，可参考该标准进行无公害生产。

（一）环境条件

1. 饲养场地的选择 无公害黄鳝饲养场地应选择环境安静、水源充足、进排水方便的地方。养殖地应生态环境良好，没有或不直接受工业"三废"（废水、废气、废渣）及农业、城镇生活、医疗废弃物的污染；养殖地域内及水源的上游、上风头，没有对养殖环境构成威胁的污染源，包括工业"三废"、农业废弃物、医疗机构污水及废弃物、城市垃圾和生活污水等。底质无工业废弃物和生活垃圾，无大型植物碎屑和动物尸体。底质无异色、异臭。底质有害有毒物质最高限量应符合表5-1的规定。

表5-1 底质有害有毒物质最高限量

项　目	指标毫克/千克（湿重）
总汞	≤ 0.2
镉	≤ 0.5
铜	≤ 30
锌	≤ 150
铅	≤ 50
铬	≤ 50
砷	≤ 20
滴滴涕	≤ 0.02
六六六	≤ 0.5

2. 饲养用水 养殖水源可以选择水库水、河水或湖水、井水，均应水质清新，无污染，水中理化指标应符合渔业水质标准。饲养池内水应清新，无污染，肥瘦适宜。

3. 鳝池和网箱要求

（1）鳝池要求 鳝池选择土池或水泥池均可，水泥池面积、池深、水深、进排水口安排应符合表5-2。土池面积可大些，苗种池面积宜在 1 亩以内，成鳝池面积最好在 2～5 亩，其池深、水深同水泥池。

表 5-2　鳝池要求

鳝池类别	面积（米²）	池深（厘米）	水深（厘米）	水面离池上沿距离（厘米）	进排水口
苗种池	2～10	40～50	10～20	≥20	进排水口直径 3～5 厘米，用网孔尺寸 0.25 毫米的筛绢网片罩住；进水口高出水面 20 厘米，排水口位于池的最低处。
食用鳝饲养池	2～30	70～100	10～30	≥30	

（2）**网箱要求**　网箱应选用聚乙烯无毒无结节网片制作，孔径 0.80～1.18 毫米，网箱上下纲应选择聚乙烯无毒纲绳，直径 0.6 厘米，网箱面积 15～20 米² 为宜，高 1 米以上。

池塘网箱最好设置在水面面积 500 米² 以上的池塘或水泥池，水深大于 1 米处，网箱面积不宜超过水面面积的 1/3，网箱上沿高出水面 0.5 米以上，网箱吃水深度约为 0.5 米，网箱底部距水底 0.5 米以上。

4. 放养前的准备

（1）**鳝池准备**　土池和有土水泥池在放养前 10～15 天用生石灰消毒，药量为 150～200 克 / 米²，然后注水 10～20 厘米备用；无土水泥池池底应光滑，在放养前 15 天加水 10 厘米左右，用生石灰 75～100 克 / 米² 或漂白粉（含有效氯 28%）10～15 克 / 米²，全池泼洒消毒，然后放干水再注入新水 10～20 厘米备用。池内移植水花生或水葫芦，面积占池水面积的 2/3 左右。

（2）**网箱准备** 网箱应于黄鳝放养前 15 天用 20 克 / 米^3 高锰酸钾浸泡 15～20 分钟消毒，清洁淡水冲洗后设置于池塘内，并制作一个长 60 厘米，宽 30 厘米的食台，与水面成 30° 角左右设置于箱内水面下 3 厘米处，沿网箱长边摆放。随即向网箱内移植水花生或水葫芦，面积占网箱面积的 2/3 左右。

（二）苗种培育

1. 培育方式 鳝种的培育方式可采用水泥池微流水培育，也可采用水泥池静水培育。

2. 鳝苗放养 鳝苗可以选择原产地自然水域笼捕的野生鳝苗，也可以从国家认可的黄鳝原（良）种场采购人工繁殖的鳝苗。最好是深黄色大斑鳝或土红色大斑鳝。选取的鳝苗应该是无伤、无病、无残、无畸形，活动能力强，体色鲜亮，有光泽。鳝苗的放养密度宜为 200～400 尾 / 米^2。如果放养密度较大，培育期间要根据黄鳝的生长情况，及时分养。

3. 饲养管理

（1）**投饲和驯饲** 鳝苗适宜的开口饲料有水蚯蚓、大型轮虫、枝角类、桡足类、摇蚊幼虫和微囊饲料等，最好是水蚯蚓或将陆生蚯蚓搅碎后投喂。投喂时，每 100 米^2 左右设一个食台，食台设置在水面下 3 厘米处，饵料放置在食台上，不要随意变动食台位置。动物性鲜活饵料应新鲜、无污染、无腐败变质，投饲前应洗净后在沸水中放置

3～5 分钟，或用高锰酸钾 20 克 / 米^3 浸泡 15～20 分钟，或食盐 5% 浸泡 5～10 分钟，再用淡水漂洗后投喂。

用动物性鲜活饵料培育 10～15 天，鳝苗长至 5 厘米以上时，开始驯食配合饲料。驯食方法是：将粉状配合饲料加水揉成团状，定点投放于食台上，经 1～2 天，鳝苗会自行摄食团状饲料。15 厘米以上苗种驯食时，先在鲜鱼浆或蚌肉中加入 10% 配合饲料，投喂 1～2 天，以后每天逐渐增加配合饲料的比例，经 5～7 天，鳝苗即可完全摄食配合饲料。驯食过程中，一旦发现鳝苗摄食异常，应立即改回原来的饲料，待其摄食正常后，重新驯食。

（2）**投饲量** 鲜活饲料的日投饲量为鳝体重的 8%～12%，配合饲料的日投饲量（干重）为鳝体重的 3%～4%。

（3）**分级饲养** 放养前鳝种要挑选一下，大小分开，体长相近的鳝种要放在同一个箱中饲养，体长相差大的要分箱饲养，否则就会出现大鱼吃小鱼的情况。培育过程中，随时根据鳝苗的生长和个体差异，及时分养。当苗种长到个体重 20 克时转入食用鳝的饲养。

（4）**水质管理** 培育期间，应勤换水，保持水质清爽，水色"肥、活、嫩、爽"，水中溶氧量不低于 3 克 / 米^3。春秋季 1 周换 1 次水，夏季 1～2 天换 1 次水，高温时节 1 天换 1 次。每次换水，先捞出剩余的饵料，再排出池水的 1/3，然后再注入新水到原来的水位。换水应当注意温差不可过大，控制在 3℃ 以内。定期施用生石灰调节酸碱度，控制池水 pH 值在 7 左右。每隔 15 天全池泼洒微生物制剂 1 次，以调节水质。

流水饲养池水流量以每天交换 2～3 次为宜，每周彻底换水 1 次。

（5）**水温管理**　黄鳝养殖适宜水温在 20～28℃之间。水温高于 28℃，应加注新水、搭建遮阳棚、提高水葫芦（凤眼莲）的覆盖面积或减小黄鳝密度等防暑；水温低于 5℃时应加深水位确保水面不结冰、搭建塑料棚等防寒。换水时水温差应控制在 3℃以内。

（6）**巡池**　重视早、中、晚、凌晨的巡池检查，每天投饲前检查防逃设施，发现漏洞，及时修补；随时掌握鳝摄食情况，及时捞出残渣剩饵，清洗消毒食台，并调整投饲量；观察鳝的体色和活动情况，发现异常，应及时处理；勤除杂草、敌害、污物；查看水色，测量水温、pH 值、氨氮、硫化氢等理化指标，闻有无异味，及时换水或加注新水；做好巡池日志，为科学防治疾病提供第一手资料。

（三）食用鳝养殖

1. 养殖方式　可分为土池饲养、水泥池饲养和网箱饲养，根据具体情况选择适宜的饲养方式。

2. 鳝种放养　鳝种的放养时间最好选择在 4 月底至 5 月初，天气晴朗，水温稳定在 15℃左右时为宜。

鳝种可以选择原产地自然水域笼捕的野生鳝种，也可以从国家认可的黄鳝原（良）种场采购人工繁殖、人工培育的鳝种。品种最好是深黄大斑鳝或土红大斑鳝，个体反应灵敏，无伤、无病、无残、无畸形，活动能力强，体色鲜亮、有光泽，黏液分泌正常。

放养规格以 20～50 克 / 尾为宜，按规格分池饲养。面积 20 米^2 左右的流水饲养池放养鳝种 1.0～1.5 千克 / 米^2 为宜，面积 2～4 米^2 的流水饲养池放养鳝种 3～5 千克 / 米^2 为宜，静水饲养池的放养量约为流水饲养池的 1/2；网箱放养鳝种 1.0～2.0 千克 / 米^2 为宜。

放养前鳝体应进行筛选，挑出有伤、有残和畸形的以及活动力不强的鳝种，健康鳝种进行消毒。常用消毒药有：食盐 2.5%～3%，浸浴 5～8 分钟；聚维酮碘（含有效碘 1%）20～30 克 / 米^3，浸浴 10～20 分钟；四烷基季铵盐络合碘（季铵盐含量 50%）0.1～0.2 克 / 米^3，浸浴 30～60 分钟。消毒时，应轻拿轻放，谨慎操作，避免黄鳝受伤。水温差应小于 3℃。

3. 饲养管理

（1）驯饲　人工培育、已经过驯食的鳝种入池后 1～2 天不投喂，第三天开始投喂，直接投喂配合饲料。

野生鳝种入池后 1～2 天不投喂，第三天开始投喂，宜投喂蚯蚓、小鱼、小虾和螺蚌肉等鲜活饵料。鳝种正常摄食 1 周后，每 100 千克鳝用 0.2～0.3 克左旋咪唑或甲苯咪唑拌饵驱虫 1 次，3 天后再驱虫 1 次，然后开始驯食配合饲料。驯食方法同网箱养殖。

（2）投饲　食用鳝黄鳝的饲料主要包括动物性饲料、植物性饲料和配合饲料。其中，动物性饲料包括鲜活鱼、虾、螺、蚌、蚬、蚯蚓、蝇蛆、黄粉虫、蝌蚪、水生动物幼虫、畜禽屠宰下脚料等；植物性饲料包括新鲜麦芽、大豆饼（粕）、菜籽饼（粕）、青菜、浮萍等。

（3）**投饲方法** 投饲坚持"定时、定点、定质、定量"的原则。

定时：水温 20～28℃时，每天 2 次，分别为上午 9 时前和下午 3 时后；水温在 20℃以下，28℃以上时，每天上午投饲 1 次。

定点：饲料投饲点应固定在食台上，水温在 20℃以下时，食台设置在水温较高处；水温在 20℃以上时，食台宜设置在阴凉暗处，并靠近池的上水口。

定质：配合饲料应营养全面适口，颗粒适宜，无发霉，无污染，饲料中添加物质应符合《NY5072 无公害食品 渔用配合饲料安全限量》的规定；动物性饲料和植物性饲料应新鲜、无污染、无腐败变质，投饲前应洗净后在沸水中放置 3～5 分钟，或用高锰酸钾 20 克/米^3 浸泡 15～20 分钟，或食盐 5% 浸泡 5～10 分钟，再用淡水漂洗后投饲。

定量：水温 20～28℃时，配合饲料的日投饲量（干重）为鳝体重的 1.5%～3%，鲜活饲料的日投饲量为鳝体重的 5%～12%；水温在 20℃以下或 28℃以上时，配合饲料的日投饲量（干重）为鳝体重的 1%～2%，鲜活饲料的日投饲量为鳝体重的 4%～6%；投饲量的多少应根据季节、天气、水质和鳝的摄食强度进行调整，所投的饲料宜控制在 2 小时内吃完。

（4）**水质与水温管理** 同苗种培育。

（5）**巡池** 同苗种培育。

4. 鳝病防治

（1）**鳝病预防** 坚持"以防为主，防治结合，及早发现，及早治疗"的疾病防治原则，结合生态预防和药物预防进行鳝病预防，以生态预防为主。

生态预防措施有：合理建造养鳝场，并保证良好的池塘环境条件，满足黄鳝喜暗、喜静、喜温暖的生态要求；加强水质、水温管理，科学合理地换水，及时加注新水，适时防暑、防寒；保持鳝池中适宜的挺水性植物或水葫芦、水花生、浮萍等漂浮性植物密度；在池边种植一些攀缘性植物遮阳降温；适时捞出死亡植物，避免其腐烂而败坏水质；在池中搭养少量泥鳅以活跃水体，降低黄鳝缠绕病的发病率；每池放入数只蟾蜍，以其分泌物预防鳝病。

药物预防措施有：环境消毒：周边环境定期用漂白粉喷洒消毒；鳝池和网箱在鳝种投放前也要充分消毒；池水要定期消毒：饲养期间每隔 10 天用漂白粉（含有效氯 28%）1～2 克/米^{3}全池遍洒，或生石灰 30～40 克/米^{3}化浆全池遍洒，两者交替使用。

坚持"四消"原则，即鳝体消毒、鲜活饵料消毒、食台消毒、工具消毒。

鳝体消毒和饵料消毒如上所述。

食台消毒：应每天进行，用高锰酸钾或漂白粉浸泡消毒，清水漂洗后再用。

工具消毒：生产中所用的工具应每周 2～3 次定期消毒。可用 100 克/米^{3}浓度高锰酸钾，浸洗 30 分钟；或 5%食盐，浸洗 30 分钟；或 5%漂白粉，浸洗 20 分钟。发病池的用具应单独使用，或经严格消毒后再使用。

（2）**病鳝隔离** 在养殖过程中，应加强巡池检查，一旦发现病鳝，应及时隔离饲养，并用药物处理。药物处理方法同鳝体消毒。

（3）**鳝病治疗** 发现黄鳝摄食、活动异常，及时诊断，及早治疗。

渔药的使用和休药期应按照表5-3的规定执行。严禁使用高毒、高残留或具有致癌、致畸、致突变毒性的渔药；严禁使用对水域环境有严重破坏而又难以修复的渔药；严禁直接向养殖水域泼洒抗生素；严禁将新近开发的人用新药作为渔药的主要或次要成分。

表5-3 常用药物的使用与休药期

渔药名称	用 途	用法与用量	休药期（天）	注意事项
氧化钙（生石灰）	用于改善池塘环境，清除敌害生物及预防部分细菌性鱼病	带水清塘：200～250毫克/升 全池泼洒：20～25毫克/升		不能与漂白粉、有机氯、重金属、有机络合物混用
漂白粉	用于清塘、改善池塘环境及防治细菌性疾病	带水清塘：20毫克/升 全池泼洒：1.0～1.5毫克/升	≥5	1.勿用金属容器盛装 2.勿与酸、铵盐、生石灰混用
二氯异氰尿酸钠（优氯净、漂粉精）	用于清塘及防治细菌性疾病	全池泼洒：0.3～0.6毫克/升	≥10	勿用金属容器盛装

续表 5-3

渔药名称	用途	用法与用量	休药期（天）	注意事项
三氯异氰尿酸（强氯精）	用于清塘及防治细菌性疾病	全池泼洒：0.2～0.5毫克/升	≥10	勿用金属容器盛装
二氧化氯	用于防治细菌性皮肤病、烂鳃病、出血病	浸浴：20～40毫克/升，5～10分钟 全池泼洒：0.1～0.2毫克/升	≥10	1. 勿用金属容器盛装 2. 勿与其他消毒剂混用
二溴海因	用于防治细菌性和病毒性疾病	全池泼洒：0.2～0.3毫克/升		
氯化钠（食盐）	用于防治细菌、真菌疾病	浸浴：1%～3%，5～30分钟		
硫酸铜（蓝矾、胆矾、石胆）	用于治疗纤毛虫、鞭毛虫等寄生性原虫病，但不能用于治疗小瓜虫病	浸浴：8～10毫克/升，15～30分钟 全池泼洒：0.5～0.7毫克/升		1. 常与硫酸亚铁合用 2. 勿用金属容器盛装 3. 使用后注意池塘增氧
硫酸亚铁（硫酸低铁、绿矾、青矾）	用于治疗纤毛虫、鞭毛虫等寄生性原虫病	全池泼洒：0.2毫克/升（与硫酸铜合用）		治疗寄生虫性原虫病时需与硫酸铜合用
高锰酸钾（锰酸钾、灰锰氧、锰强灰）	用于鱼体消毒、工具消毒和食台消毒以及防治水霉病、细菌病	浸浴：10～20毫克/升，15～30分钟		1. 水中有机物含量高时药效降低 2. 不宜在强烈阳光下使用

续表 5-3

渔药名称	用　途	用法与用量	休药期（天）	注意事项
四烷基季铵盐络合碘（季铵盐含量为50%）	对病毒、细菌、纤毛虫、藻类有杀灭作用	全池泼洒：0.3毫克/升		1. 勿与碱性物质同时使用 2. 勿与阴离子表面活性剂混用 3. 使用后注意池塘增氧 4. 勿用金属容器盛装
大蒜（含大蒜素10%）	用于防治细菌性肠炎	拌饵投喂：10～30克/千克体重，连用4～6天		
五倍子	用于防治细菌性烂鳃病、赤皮病、白皮病、疔疮	全池泼洒：2～4毫克/升		
穿心莲	用于防治细菌性肠炎、烂鳃病、赤皮病	全池泼洒：15～20毫克/升 拌饵投喂：10～20克/千克体重，连用4～6天		
苦参	用于防治细菌性肠炎、竖鳞病	全池泼洒：1.0～1.5毫克/升 拌饵投喂：1～2克/千克体重，连用4～6天		
土霉素	用于治疗肠炎、弧菌病	拌饵投喂：50～80毫克/千克体重，连用4～6天	≥ 30	勿与铝、镁离子及卤素、碳酸氢钠、凝胶合用
噁喹酸	用于治疗细菌性疾病	拌饵投喂：10～30毫克/千克体重，连用5～7天	≥ 16	用药量视不同的疾病有所增减

续表 5-3

渔药名称	用　途	用法与用量	休药期（天）	注意事项
磺胺嘧啶（磺胺哒嗪）	用于治疗细菌性疾病	拌饵投喂：100毫克/千克体重，连用5天	≥30	1. 与甲氧苄啶（TMP）同用，可产生增效作用 2. 第一天药量加倍
磺胺甲基噁唑（新诺明、新明磺）	用于治疗肠炎病	拌饵投喂：50毫克/千克体重，连用5～7天	≥30	1. 不能与酸性药物同用 2. 与甲氧苄啶（TMP）同用，可增效 3. 第一天药量加倍
磺胺间甲氧嘧啶（制菌磺、磺胺-6-甲氧嘧啶）	用于治疗细菌性疾病	拌饵投喂：20～30毫克/千克体重，连用4～6天	≥37	1. 与甲氧苄氨嘧啶（TMP）同用，可增效 2. 第一天药量加倍
氟苯尼考	用于治疗细菌性疾病	拌饵投喂：10毫克/千克体重，连用4～6天	≥7	
聚维酮碘（聚乙烯吡咯烷酮碘、皮维碘、PVP-1、伏碘）（有效碘1.0%）	用于防治细菌性疾病，并可用于预防病毒病	全池泼洒： 幼鱼：0.2～0.5毫克/升 成鱼：1～2毫克/升 鱼卵：30毫克/升		1. 勿与金属物品接触 2. 勿与季铵盐类消毒剂直接混合使用

注意：休药期是指最后停止给药日至水产品作为食品上市出售的最短时间。休药期为强制性，必须执行。

第六章
黄鳝活饵料的采捕和养殖

一、水丝蚓采捕

水蚯蚓就是丝蚯蚓，它是黄鳝苗最好的活饵料，营养价值很高，干物质中蛋白质含量高达 70% 以上。水蚯蚓广泛分布在各种淡水水域，栖息在富含有机质的淤泥中，特别是城市污水排放口的下游，密度大，产量高。

捕捞水蚯蚓用长柄抄网。它由网身、网框和长柄组成。网身长 1 米左右，呈长袋形，用密眼网布缝成，网口框架是等腰梯形，腰长 40 厘米左右，上下底分别为 15 厘米和 30 厘米，框架由钢筋弯成，钢筋两头在下底中间拧合在一起插入一根粗的长木棒或竹竿中绑扎结实（图 6-1）。

捕捞时，选择底质肥沃，有缓流，水底少砖石瓦块，水深 10～50 厘米的地方捕捞。作业时，人站在水中，手持抄网，将网袋缓缓伸入水下，用网框的一边紧贴水底，慢慢捞取底层浮土。遇到泥堆不要硬将泥刮起，而是轻轻从泥堆上面刮过。待袋里的浮土捞到半满时，提起网袋，一手握抄网柄基部，一手抓住网袋末端，在水中来回拉动

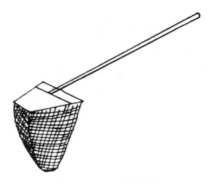

图 6-1 长柄抄网

网袋，让水慢慢冲去网中淤泥，露出红色的水蚯蚓来。这种方法简便易行，但要避开正午的阳光直射。

二、田螺养殖

田螺，学名中华圆田螺，是我国淡水中常见的螺类（图 6-2）。

图 6-2 田螺

（一）养殖地点

废弃的排水沟、坑塘或养鱼池塘都可以养殖田螺，只要是水好无污染，一年四季不干涸，能保持 30～50 厘米水深，底质是富含有机质的软土就行。最好在水里种植一些荸荠、慈姑、茭白、菱角等水生植物。也可以将田螺直接放到鱼池中，让其吃鱼的残渣剩饵，任其自行繁殖生长。但要注意有鲤鱼、青鱼的池不能养田螺，以免被鲤鱼、青鱼吃光。

（二）养殖方法

放养前在池中每亩施基肥 15 千克，基肥用切碎的稻草 3 份和新鲜鸡粪 1 份混合均匀制成，10 天后将肥料埋入养田螺池的底泥中，几天后池底不再产生气泡，就可以放养田螺。一般每平方米放养 1～2 龄田螺 100 只，其中 75 只雌的，25 只雄的。田螺雌性个体较大，两只触角大小相同，向前方伸展；雄性个体较小，右触角比左触角短而且粗，末端向内侧弯曲，生殖孔开口于左触角顶端。

田螺需要氧气多，所以养田螺池要经常换水，保持水质良好。田螺能采食青菜、浮萍、米糠、瓜果以及鱼杂、动物内脏，最好经常在饲料中拌一些贝壳粉。1 周喂 2 次，喂前先捞出上次剩余的饵料。平时多巡池，将游动力差、肉少壳厚的老弱病残螺捞出来，敲碎喂黄鳝，当水温降至 10℃以下时，田螺开始钻入泥中冬眠，只要保持 0.5～1 米水深，使冬季冰层不结到底就可以安全越冬。

养殖田螺的目的是投喂黄鳝，在整个养殖期内每天都可以捉田螺投喂黄鳝，可以用手捉，也可以在田螺集中的地方用小抄网抄捕。投喂田螺大小要根据黄鳝的大小来定，小黄鳝只能吃小田螺，大黄鳝吃较大的田螺，田螺过大，黄鳝吃不了的可留在田螺池繁殖小田螺，也可拿到市场上售卖。

三、蚯蚓养殖

（一）养殖品种

目前，养殖的蚯蚓有青蚓和大平二号、北星二号。青蚓身体多是青黄色或灰绿色，对黄鳝的诱食效果最好；大平二号和北星二号是目前养殖最多的品种，虽个体较小，但产量高，食性广，其背面呈橙红色，腹面扁平。

（二）基料准备

养殖蚯蚓的基料，就是蚯蚓的饲料。用人粪尿或鸡、猪、牛等畜禽粪便，加入切成小段的树叶、锯末、植物秸秆等制成。一般粪料占70%，草料占30%，也可以用20%的作物秸秆和10%的麸皮代替草料。具体做法是：先在地上挖一个浅坑，坑底铺一层粪，撒一层草，用光合细菌稀释液、酵母液、尿或水浇透，再铺一层粪，撒一层草，浇透，这样一层一层堆起来。越往上尿或水浇得越多，一定要浇透。这样堆起来，1周后用叉子将草粪堆翻一遍，再浇点水或尿，堆制 1 周再翻 1 次，这样翻 5～6 次后，基料就充分发酵好了。为缩短发酵时间，每次发酵粪料不宜过少，每堆应在 500 千克以上。发酵期间，保持发酵粪料含水量在 80%～90%。

发酵好的粪料在使用前 2～3 天应取出在地面晾晒，让粪料中残余的氨气等有害气体散失掉。发酵好的粪料各种成分混合均匀，质地疏松，无不良气味发出，颜色变成咖啡色。

（三）养殖方法

蚯蚓的养殖适温是 20～25℃，要求环境安静、阴暗、潮湿，避免光线直射。饲养方式很多，可盆养、箱筐养殖、室内砖池养殖，农田养殖、堆肥养殖、沟槽养殖、蚯蚓和蜗牛混养等。这里介绍几种简便养殖方法。

1. 盆养　脸盆、花盆、陶器等容器均可用于养蚯蚓。盆内基料厚度不要超过盆深的 3/4，一般花盆，每盆可养蚯蚓 20～70 条；脸盆每盆可养蚯蚓 50～150 条；其他容器适量增减。

盆越小，盆内温度和湿度受外界环境影响越大，表面的土壤和饲料容易干燥，所以养殖时要特别注意，在保证通气的前提下，可加盖苇帘、稻草、塑料薄膜等，并经常喷水，以保证足够的温度和湿度。

2. 箱筐养殖　包装箱、柳条筐、竹筐等均可养蚯蚓，也可制作专门的蚯蚓养殖箱。养殖箱为长方形的无盖木箱或塑料箱，适宜深度 20～35 厘米，大小均可，以方便搬运为宜。养殖箱底和侧面均应钻有排水、通气孔，箱孔面积应以占箱壁面积的 20%～35% 为宜。箱外安装手拉柄，方便搬运。

箱养通常还要做多层饲育床（图 6-3），将养殖箱叠放在饲育床上，可充分利用有限的空间，增加产量。多层饲育床可用钢筋、角铁焊接或用竹木搭架，也可用砖、水泥板等材料垒砌。养殖箱放在饲育床上，一般 4～5 层为宜，过高不便于操作管理。两排床架之间留出养殖人员的通道。另外，还应有温湿度表、喷雾器、竹夹、钨灯或卤素灯、网筛、齿耙等工具。

养殖箱内铺 15 厘米厚左右的基料，每平方米放养蚯蚓4 000～9 000 条。为防止水分蒸发，箱上可覆盖苇帘、稻草、塑料薄膜等。

养殖期间，室内要常通风，保持温度 18℃以上，饲料

图 6-3　多层饲育床

堆湿度 70%～80%。冬季注意保温，夏季经常用喷雾器喷洒凉水降温。随着蚯蚓逐渐长大，还应适时减少箱内的蚯蚓密度。

3. 室内砖池养殖　在室内用砖垒 2～3 排池，每池面积 5～10 米²，深 40 厘米左右，每排之间预留工作人员通道。将发酵好的饲料在池内铺 20～30 厘米，每平方米放养蚯蚓 4 000～6 000 条，小蚯蚓可放养 20 000 条。为防止水分蒸发，池上可以覆盖苇帘、稻草、塑料薄膜等；如果不盖，就要注意饲料的湿度，及时喷水加湿。

养殖期间，室内要常通风，保持温度 18℃以上，饲料堆含水量 70%～80%。冬季注意保温，夏季经常用喷雾器洒凉水降温。

4. 农田养殖　蚯蚓养殖，将室内和室外结合起来，效果更好。温暖季节将蚯蚓移到室外养殖，秋末冬初移至室内。室外可充分利用田间地头、池塘基埂及园林空地，开挖宽 35～40 厘米、深 15～20 厘米的行间沟，然后填入畜禽粪、生活垃圾等，上面再覆盖土壤，每平方米放养蚯蚓 1 000 条左右。也可以不专门放种，直接利用天然蚯蚓养殖。沟内经常保持潮湿，但又不能积水。这种方法成本低，但受自然条件影响大，产量低。

5. 堆肥养殖　这是一种较经济有效的室外养殖办法。具体做法：将农家肥 50%、土壤 50% 混合均匀，然后堆成堆；或按一层肥料一层土壤，每层 10 厘米厚，层层交替铺放成堆。每堆宽 1～2 米，高 50 厘米，长度不限。一般堆放 1 天以后，肥堆内即可诱集少量蚯蚓，也可以向肥堆内投放蚯蚓种。养殖期间，经常向肥堆喷水，既要保持肥堆湿度，又不能喷水过多，使肥堆坍塌。

（四）日常管理

1. 投料前先试喂　粪料加入前要试喂，合格后方可投喂蚯蚓。如粪料 pH 值较高（9 以上），在投喂前可加入少量食醋。

2. 适时加入饲料　发现粪料表面平整，料细如米糠或蚯蚓外爬时，要及时加入新料。可采取间隔加入粪料法，防止料发酵不充分，引起蚯蚓死亡。具体做法：加 20 厘米宽新料，留 10～20 厘米宽不加，待蚯蚓开始爬入新料中时再加入剩余地方。若晚上发现蚯蚓外逃，可采用点电灯或在周围撒一圈草木灰、石灰粉即可控制。

3. 注意浇水保湿　一旦发现表面干燥应及时浇水（用 1∶300 的 EM 液），保持 70%～80% 含水量。冬天含水量可略降低。

4. 适时分出蚓茧　温度 25℃以上时，15 天左右分离 1 次种蚯蚓中的卵茧；气温降低，分离时间逐步延长。每次分离出的蚓茧单独堆放孵化、饲养。同时应搞好种蚓提纯复壮，保持种蚓稳产、高产。

孵出的小蚓饲养 30～50 天长大，就可用"光分离法"分离出投喂黄鳝。具体做法是：将一个网眼大小恰好能让蚯蚓钻过的筛子放在塑料盆上，将蚯蚓粪料先加水拌湿后倒入筛中，厚度以不超过 2 厘米为宜。将其置于阳光下，由于蚯蚓有怕光的习性，会拼命往下钻而掉入下面的盆中。

四、黄粉虫养殖

黄粉虫又叫大黄粉虫、面包虫，营养价值很高，干黄粉虫含蛋白质47.68%、脂肪28.56%、碳水化合物23.76%，而且饲养简单，产量高。山东农业大学植保系的试验研究证明，面积仅15米²大小的地方，1年可生产黄粉虫1吨左右。此外，黄粉虫养殖无臭味，可以在居室内养殖，成本也很低，秸秆、麦麸都可作为养殖黄粉虫的主要原料。3～4千克麦麸能养1千克黄粉虫，10千克秸秆能换来1千克黄粉虫，一些烂水果、菜叶、青草嫩叶、瓜皮也是黄粉虫的好饲料。目前，许多养殖户、养殖场都已开始养殖黄粉虫，其可作为肉食性鱼类的鲜活饵料和杂食性鱼类的主要动物性蛋白来源。因此，黄粉虫是养殖黄鳝理想经济的鲜活饵料。

（一）生物学特征特性

黄粉虫一生有卵、幼虫、蛹、成虫4个生长阶段，黄粉虫卵在10～20℃时经20～25天，20～25℃时经10～20天，25～30℃时经4～7天，可以孵化成幼虫。

幼虫身体呈黄色圆柱形（刚蜕完皮时为白色），分节，两端钝圆，长3～5厘米，外壳较脆硬，生长适温13～32℃，最适温25～29℃，低于10℃极少活动。

幼虫几十天后化蛹。温度10～20℃时需5～20天，蛹变成成虫，长出翅膀，能飞。

（二）饲料配制

1. 饲料种类 黄粉虫食性杂，饲料来源广，能吃的东西很多，像果皮、菜叶、青草、秸秆、麦麸、米糠、农作物秸秆等。现提供几种饲料配方供参考。

（1）单用麦麸喂养 在冬季以麦麸为主，加适量玉米粉。

（2）成虫和幼虫饲料 豆饼 18%，麸皮 40%，玉米粉 40%，复合维生素 0.5%，复合矿物质添加剂 1.5%。

（3）繁殖育种的成虫饲料 麦粉 95%，糖（红糖、白糖均可）2%，蜂王浆 0.2%，复合维生素 0.4%，复合矿物质添加剂 2.4%。

（4）产卵期的成虫饲料 麸皮 75%，玉米粉 15%，鱼粉 4%，糖 4%，复合维生素 0.8%，复合矿物质添加剂 1.2%。

（5）幼虫饲料 麦麸 70%，玉米粉 25%，大豆 4.5%，复合维生素 0.5%。

将原料混合均匀，用颗粒饲料机膨化成颗粒，或用 16% 的开水拌匀成团，压成小饼状，晾晒后使用。

2. 饲料存储和加工 保证黄粉虫饲料质量的最重要措施是严格控制黄粉虫饲料含水量，不能超过 10%。饲料含水量过高，易与虫粪混合而发霉变质。

大批量生产黄粉虫时，将饲料加工成颗粒饲料最好。小幼虫、大幼虫和成虫的饲料应分别加工。饲料粒度要适于黄粉虫取食。小幼虫的饲料粒径应在 0.5 毫米以下，大幼虫和成虫的饲料粒径应为 1～5 毫米。饲料的硬度也应适合不同虫龄取食的要求，小幼虫的饲料要松软一些，过硬的饲料不适宜饲喂。

没有条件或不宜加工成颗粒饲料的原料，可将除复合维生素外的其他原料混合，取 10% 的清水，先加入复合维生素搅匀，再加入混好的其他原料，搅拌均匀后晒干备用。

（三）养殖方式

黄粉虫养殖可用盆养，也可用箱养。

1. 盆养技术　家庭盆养黄粉虫，适合家庭小规模养殖。

（1）**饲养设备**　各种盆、盒、箱均可，要求容器完好，无破漏，内壁光滑，虫子不能爬出。若内壁不光滑，可以在内壁贴一圈光滑的胶带，防止虫子爬出。另外需要 40 目、60 目、100 目的网筛子。

（2）**虫种**　挑选个体大、活动力强、色泽鲜亮的幼虫虫种。

（3）**虫种饲养**　在盆中放入饲料，同时放入幼虫虫种，密度为普通脸盆放 0.3～0.6 千克虫种，饲料约为虫重的 10%～20%，其他容器据此增减。每隔 3～5 天，饲料吃完后，用筛子筛出虫粪，继续投喂。适当加喂一些蔬菜及瓜果皮类等含水饲料。

（4）**交尾产卵**　饲养过程中注意观察，发现幼虫化蛹，应及时将蛹挑出分别存放，并保证环境温度 24～30℃，空气相对湿度 60%～75%。8～15 天蛹羽化变为成虫后，要将羽化的成虫放入产卵盆（或箱）中，在盆或箱底铺一张报纸，纸上铺约1厘米厚的饲料，将成虫放在饲料上。25℃时，约6天后成虫开始交尾产卵。黄粉虫为群居性昆虫，密度达到1 500～3 000头/米^2，才能保证其正常交尾产卵。

产卵期间，应投喂较好的精饲料，还要适量投喂菜叶、瓜果皮等含水饲料。

黄粉虫成虫产卵期间，关键措施是严格控制空气相对湿度60%～75%。湿度过高，会造成饲料和卵块发霉变质；湿度过低，又会造成雌虫排卵困难，影响产卵量。

（5）**孵化** 成虫将卵产于纸上。黏附着卵的报纸，称为"卵纸"。卵纸粘满虫卵后，应该及时更换。否则成虫会吃掉虫卵。取出的卵纸按日期分盆孵化。温度24～34℃时，6～9天就会孵出幼虫。刚孵出的幼虫十分柔软，尽量不要用手触动，避免其受伤。

（6）**幼虫饲养** 将初孵幼虫集中放入饲养盆中，投入虫重10%～20%的饲料饲养。经15～20天后，待盆中饲料基本吃完，再投喂菜叶、瓜果皮等，投入量以1个夜间能吃尽为度，第二天将未食尽的菜叶、瓜皮挑出，然后用100目网筛筛除虫粪。以后每隔3～5天筛除1次虫粪，同时投喂1次饲料和1次菜叶、瓜果皮，饲料投入量以3～5天能被虫子吃尽为宜，菜叶、瓜果皮等投入量以1个夜间能吃尽为度。在夏季，要防止盆内湿度过大，造成饲料霉变，虫子死亡。

如此喂养，只要管理周到，饲料充足，每千克虫种可以繁殖50～100千克鲜虫。

2. 箱养技术　箱养适合大批量生产黄粉虫。箱养设备主要有养虫箱、集卵箱和筛子等。

（1）**养虫箱**　为无盖长方形木箱，内壁打磨光滑，以宽胶带纸贴一周，防止虫子爬出。（图6-4）。

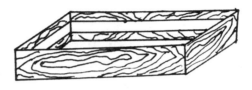

图6-4　黄粉虫养殖箱

（2）**集卵箱**　由一个养虫箱和一个卵筛组成，养虫箱内壁也以宽胶带纸贴一周，防止虫子爬出；卵筛底部钉铁窗纱，将卵筛放入养虫箱内，就形成一个底部悬空的集卵箱（图6-5）。繁殖用成虫放在卵筛中饲养，雌虫可将产卵器伸至卵筛纱网下产卵，这样就避免了卵被成虫吃掉，也减少了饲料、虫粪等对卵的污染。

（3）**筛子**　养殖期间，需要用到网目分别为100目、60目、40目的不同规格筛子和普通铁窗纱，用于筛除虫粪

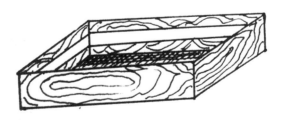

图6-5　黄粉虫集卵箱

和分离虫子。筛子内侧也要粘贴胶带，防止逃虫。

（4）**养殖场的设施与饲养技术**　黄粉虫最好在室内养殖。将养虫箱横竖相间叠放在一起，或用角铁、钢筋焊接或竹木搭架多层饲育床（同蚯蚓养殖饲育床），将养虫箱放在饲育床上饲养。饲育床之间要留出饲养人员通行的空间。养殖期间，保持室温 25～30℃，空气相对湿度 60%～75%，避免阳光直射，保持黑暗通风，防鼠、防鸟、防壁虎等敌害生物。冬季如要继续繁殖生产，需加温到 20℃以上。黄粉虫耐寒性较强，越冬虫态一般为幼虫，在 −15℃不被冻死。所以，冬季若不需要生产，可让虫进入越冬虫态，不需要加温。

黄粉虫饲料应营养丰富，搭配合理，蛋白质、维生素和无机盐充足。喂养时，除投喂一般饲料外，长至 5 毫米以上时，可适量投放一些菜叶和瓜果皮等多汁饲料。投喂时，将菜叶等洗净晾至半干，切成约 1 厘米^{2}的小片，撒入养虫箱中。在投放菜叶、瓜果皮等多汁饲料前，应先筛出虫粪，避免虫粪污染饲料上，造成腐烂、变质。投入量一次不能过大，以 6 小时内能吃完为度。隔 2 天喂 1 次，夏季可适当多喂一些。幼虫化蛹期应少喂或不喂多汁饲料。

饲料基本吃完时应及时将虫粪筛除，投放新的饲料。一般 3～5 天筛 1 次虫粪，投入 1 次饲料。每次投入的饲料量为虫重的 10%～20%，也可在饲喂过程中视黄粉虫的生长情况适时调整饲料投入量，以 3～5 天食完为宜。

筛除虫粪时应注意筛网的型号。一般幼虫 3 龄前用100 目筛网，3～8 龄用 60 目筛网，10 龄以上用 40 目筛网，老熟幼虫用普通铁窗纱。

（5）病虫害防治　黄粉虫很少患病。但如果饲养管理不善，如密度过大，湿度过大，粪便过多未及时筛出，饲料变质，也会造成幼虫患病。表现为：排黑便，身体发黑，逐渐变软，还会传染其他虫，若不及时处理，会造成整箱虫死亡。

另外，一些肉食性昆虫和螨类也会危害黄粉虫，不仅吃黄粉虫卵，还会咬伤刚蜕皮的幼虫和蛹，污染饲料。这些害虫主要包括赤拟谷盗、锯谷盗、扁谷盗、粉螨、肉食螨、麦蛾、谷蛾及各种螟类。

因此，饲养过程中应综合防治病虫害。选择生活力强、不带病的虫种；饲料无污染、无霉变；饲料加工前应经过暴晒、低温或高温消毒，杀死虫卵；保持适宜的环境湿度；饲养场及设备应定期喷洒杀菌剂和杀螨剂；及时筛除虫粪及杂物；严防鼠、鸟、壁虎等有害动物进入饲养场；发现害虫或霉变，及时处理，避免蔓延传播。

五、蝇蛆养殖

生产蝇蛆速度快、产量高，是获得蛋白饲料的较佳方式。蝇种可提前从野生苍蝇中选择驯化或直接从养殖场引进。

（一）一般养殖方法

1. 准备粪料　育蛆的粪料可以选用新鲜猪粪、鸡粪等动物粪便，然后加入切成小段的植物秸秆或锯末，泼洒上酵母液（1∶300），发酵7～10天。发酵时加入秸秆是为了增加粪料的透气性，否则蛆不易入粪。

　　发酵期间，粪料要勤翻动，并适当泼洒酵母液，以灭菌及除掉臭味。

　　发酵好的粪料在使用前2～3天应取出在地面晾晒，让粪料中残余的氨气等有害气体散失掉。

　　2. 种蝇来源　最好从科研部门或专业养殖场购进无菌家蝇作种。也可用野生家蝇灭菌后作种。方法是：将含水10%的粪料放入玻璃瓶中，然后放入即将变成蛹的蛆，当蛆变成蛹后，用0.1%高锰酸钾浸泡2分钟，再挑出个大饱满的蛹放入种蝇笼中，羽化后就是无菌种蝇。

　　3. 养蝇产蛆　一般用笼养法。种蝇笼蛹铁丝和密铁丝网或筛绢做成，笼的一边开一个小洞，用于伸手进去，进行各种操作。小洞口套一个长的黑布套，平时系住，伸手

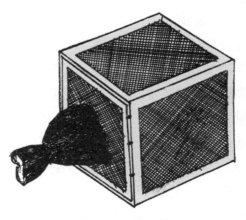

图 6-6　养蝇笼

进笼时，从布套里伸进去，可防止种蝇飞出（图6-6）。

种蝇笼放在育蛆室内，保持室温27～29℃。每个种蝇笼内放清水一小杯，一个料盘，盛种蝇饲料。种蝇饲料用红糖、奶粉或蛆浆加水配成（比例为1∶0.2∶10），再加入适量的苍蝇催卵素（市场有售）后倒入料盘让海绵吸足料液，供苍蝇采食，再放一个料盘，里面盛着养蛆粪料，作产卵缸，引诱雌蝇产卵；还要放一个普通玻璃罐头瓶，作羽化缸，用作种蝇换代时羽化种蝇。

每天上午将料盘、清水杯取出清洗，换上新鲜饲料和水，然后将产卵缸拿出，倒出里面的卵和粪料，更换上新的粪料，放回原处。每批种蝇从羽化后起，20天就要淘汰，再换新种蝇。换新种蝇时，网罩和笼架用5%来苏水浸泡消毒后，清水冲干净再用。

4. 蝇蛆培育　小规模养殖蝇蛆，可以在室内建若干砖石的育蛆池。池面积1米^2，池壁高12厘米。池内铺粪料3～6厘米厚，夏天不超过3厘米。从种蝇笼取出卵后，按每千克粪料5克卵，将带卵粪料堆入蛆池。

大规模养殖蝇蛆，适宜用多层育蛆架（同蚯蚓多层培育架）培养。多层育蛆架上放盆、箱进行立体养殖。一般8～12小时，就能孵化出蛆。刚孵出的小蛆久久不能钻入粪中，为避免其到处乱爬，缩短育成时间，应用猪血拌麸皮饲喂。

培育期间，保持粪料温度22～25℃，含水量70%～80%。粪料入蛆池4天后要注意观察粪料湿度，及时浇洒清洁水，保证含水量80%左右。粪料利用6～7天应更换新粪料，换出的蛆粪加入酵母液发酵后便可拿去饲喂蚯蚓。

早上检查蛆房空气，若氨气味较重，应用酵母菌液对水喷洒蛆池以外的地方。

（二）蝇蛆的分离

1. 大小盆分离法　在一个较大的盆内放上一个较小的塑料盆，将小盆的四壁用湿布抹湿，将蛆料倒入小盆中，厚度为2厘米左右，蝇蛆即会沿盆壁爬入大盆中。

2. 光分离法　将一个孔眼大小能够让蝇蛆钻过的筛子放于塑料盆上，将蛆料先加水拌湿后倒入筛中，厚度以不超过2厘米为宜。将其置于阳光下，由于蝇蛆有怕光的习性，会拼命往下钻而掉入下面的盆中。

建有养蛆房的，可将其倒入育蛆池，让其自动分离。

培育蝇蛆后的废料可直接用于养鸡、养猪、养鱼等，是非常优良的饲料，而且动物非常爱吃。

（三）利用与加工

蝇蛆的利用有两种方法：一是活体直接利用。将蝇蛆收集起来后直接投喂经济动物。由于采用了酵母有效微生物，养殖出来的蝇蛆已基本不带有害病菌，所以不必经过消毒就可直接投喂。水产动物可直接投喂鲜蝇蛆。二是加工成蝇蛆粉，作为配合饲料的原料。蝇蛆粉的加工方法是：将收集到干净的蝇蛆放进开水中烫一下，蝇蛆马上死掉，然后将其晒干粉碎即可。

六、其他活饵料养殖

（一）河蚬养殖

河蚬又名黄蚬子，在我国大多数地方的沟汊、湖泊、废旧池塘中都有，可以在池塘中饲养，作为肉食性鱼类的优良饵料（图 6-7）。

图 6-7　河蚬

河蚬常在水底，将身子埋在泥里面生活，它喜欢干净嫩绿、肥沃适中的水体，主要吃鱼虫、桡足类、藻类等浮游生物和有机碎屑。

养殖河蚬可以选择旧河道、旧池塘、沟汊、港湾等，这些地方的水不清不浊，肥瘦适中。千万不能养在稻田里，因为河蚬对农药、化肥敏感。还可在池塘中养殖，但不能混养青鱼、鲤鱼，可以少量混养草鱼、鲂鱼、鲢鱼。水底最好是泥沙，而不是淤泥。

蚬种可以到湖泊、河道里捞捕，也可以购买。规格 800～

2 000 个 / 千克，壳有光泽，薄而肉多，体圆，不要壳厚的老蚬。放养密度是每亩 60～130 千克。平时少量投喂豆饼粉、麦麸、米糠等，也要适量施些鸡粪、猪粪等有机肥，保持水体有一定肥度，培养浮游生物，供河蚬食用。

　　养殖期间可以随时将河蚬用铁耙搂出来，洗干净，碾碎或敲破壳喂黄鳝。也可以几个月后集中采捕，然后贮藏起来待用。

（二）孔雀鱼养殖

　　孔雀鱼又叫百万鱼、彩虹鱼，在观赏鱼市场上较常见。它是一种小型热带鱼，雄鱼比雌鱼小，但比雌鱼漂亮，雄鱼的尾很长，而且五彩斑斓。孔雀鱼是胎生，繁殖时直接生小鱼，而不是产卵，1 条雌鱼 1 次产 10～80 尾小鱼，1 年产数次。1 条小鱼仅用 3 个月就能性成熟，参与繁殖，繁殖力惊人。孔雀鱼食性广，可吃鱼虫、馒头渣、米糠、麦麸、鱼粉、孑孓等，非常适合大量养殖，用来小规模饲养肉食性鱼类。如果要在庭院中缸养或建水泥池养黄鳝，可以考虑养一部分孔雀鱼作为活饵料（图 6-8）。

图 6-8　孔雀鱼

孔雀鱼养殖最好在室内，因为孔雀鱼是热带鱼，水温低于16℃就会冻死，所以冬天要有加温设备。养殖可以用脸盆、水缸、水族箱，也可以在室内建小水泥池。水深不超过0.5米，每升水加食盐0.5～1克。每平方米放养孔雀鱼雄鱼20尾，雌鱼50尾。每天投喂1次，食物以活的鱼虫最好，如果没有活鱼虫，可以用一些漂在水面上的颗粒细小的饵食，如米糠、麦麸、鱼粉等作饵料。每天勤捞漂在水面上的剩饵。夏季每隔3天，春秋季每隔1周，冬季每半个月，换水1次，一次换水1/3～1/2。养殖2个月后，就可以用小捞海捞取孔雀鱼投喂黄鳝了。

（三）小金鱼养殖

金鱼的怀卵量大，而且鱼苗成活率高，产量大，适合家庭小规模养黄鳝作鲜活饵料。一般10对金鱼产卵孵化出的鱼苗，少量掺杂喂一些精饲料，就能保障100条鳝种从40克长至成鳝阶段的活饵供给。

根据饲养的黄鳝量，于3月中旬到市场上去买回相当数量成对的金鱼种鱼，买回后放到水族箱或小水泥池里，加强喂食，每天喂2次鱼虫，有时少喂些鱼粉、豆饼等精饲料。隔1周换1次水，每次换掉水1/3～1/2。到5月中旬气温达到20℃左右时，将池水保持20～30厘米，将金鱼雌雄成对放入池中。用经过盐水浸泡消毒的棕榈皮或细纱网作鱼巢，散放入池中。几天后黎明时分就能看到金鱼成对追逐产卵，卵都产在细纱网或棕榈皮上，鱼巢取出放到盛满清水的水缸、水箱或水泥池中孵化。每天早晨换掉一半的水，保持水质清新和溶氧充足。几天后，鱼苗孵出。刚孵出的鱼苗不吃不动，无力游泳。3天后，可以自由觅食，这时可以用纱布包住煮熟的蛋黄，轻轻搓碎，放入水中用手轻捏，使蛋黄随水化开，投喂金鱼苗。这样大约喂1周。以后，改喂鱼虫，每天用捞网到小河沟、废池塘的浑水中捞鱼虫投喂金鱼苗，大约2个月后就可以捞金鱼投喂黄鳝。随着黄鳝的长大，金鱼苗也不断长大，正好适合黄鳝的摄食口径。

第七章
黄鳝病害防治

一、黄鳝发病原因

黄鳝发病的原因很多，有自然环境的影响，有人为的因素，有生物因素，还有黄鳝自身的原因（图7-1）。

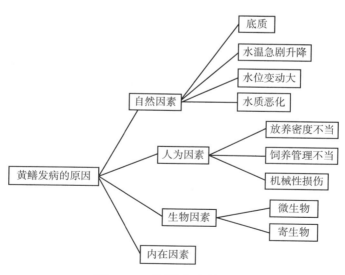

图 7-1　黄鳝发病的原因

（一）自然因素

自然环境包括水温、水质、底质、水位等方面。黄鳝对水温变化比较敏感，水温高于30℃，黄鳝就会感到不适，钻到泥里去；水温低于10℃，就会停止吃食。即使在适温范围内，如果水温急剧变化，骤升或骤降，也会引起黄鳝患病，尤其是鱼苗、鱼种，在放养时温差超过3℃，会引起死亡；养殖期间如果长期水位过高，黄鳝不得不经常游到水面上呼吸空气，从而影响正常摄食、生活，容易引起疾病；如果鳝池底质过硬，而水质又不好，黄鳝既不习惯恶劣水质，又无法钻入底质中躲避恶劣环境，容易引发病；底质中含有机物过多，会引起病原菌和寄生虫滋生，也会使黄鳝患病；水质变化，如工农业废水、废气、废渣污染了水体，溶氧大幅度降低，pH值发生骤变等，也能引发黄鳝疾病。

（二）人为因素

人为因素主要包括：一是放养不当，放养苗种较弱，规格有大有小，放养密度过大，致使黄鳝生长过程中，身体壮的、大的黄鳝抢食抢得快，抢得多，长得快，而身小体弱的黄鳝吃不上食，身体越来越弱，抵抗力弱，容易患病，还容易被大黄鳝咬伤甚至吃掉；二是饲养管理不当，投喂发霉变质的饲料，饲料投喂过多或施肥过多引起水质恶化，饲料投喂过少引起黄鳝相互撕咬，防治疾病施用药物不当等，均会引起黄鳝患病；另外，运输或放养过程中不小心引起的机械损伤，易使病原菌侵入，引发疾病。

（三）生物因素

生物因素是指微生物、寄生虫的侵入和敌害生物的伤害。其实生物因素的作用首先开始于环境的恶化及人为因素的影响，只要注意了环境保护和饲养管理，可以有效预防微生物、寄生虫的侵入和敌害生物的伤害。

（四）黄鳝自身因素

内在因素是指黄鳝身体的强弱和品种抗病力。应尽量选择抗病力强的品种及身体强壮的个体。

二、黄鳝疾病预防措施

黄鳝的疾病防治要树立"以防为主，防重于治，无病先防，有病早治"的原则，注意黄鳝养殖的每个环节一切能引起疾病的发生和传播的因素，既要注意消灭病原，切断传播与侵袭途径，又要提高鱼体的抗病力，采取综合性的预防措施，才能达到预期的防病效果。

（一）养殖场基本条件

（1）水源水水质清洁，充足，不带病原及有毒物质，水的理化性质应适合黄鳝生活的要求，并不受自然因素及人为污染的影响。

（2）养殖场周围无潜在污染源，土壤内无有害物质残留。

（3）养殖池或网箱设计合理，塘内科学种植水草，满足黄鳝喜暗、喜静、喜温暖的生态习性要求；每个池塘有独立的进排水口，无过塘水，避免疾病相互传播。

（4）池塘、稻田内各种螺蚌彻底清除，避免传播寄生虫病；放养黄鳝前，池塘、稻田、网箱等养殖设施要充分消毒。

（二）增强鱼体抗病力

1. 严把苗种关　优良的苗种是黄鳝养殖成功的关键。最好选择自繁自育或国家级、省级良（原）种场的优质苗种，野生鳝种要选择低温季节笼捕的无伤无病无残、活动力强的鳝种。

2. 运输要精心　黄鳝虽然运输容易，但运输环节也是最容易导致黄鳝受伤、缠绕的环节。因此运输过程一定要精心。不在高温季节或烈日暴晒下长途运输；运输期前要暂养、消毒；运输容器要加冰块降温；运输时黄鳝中放入几条泥鳅，防止黄鳝相互缠绕；运输过程中装卸要轻拿轻放，切忌粗暴操作，避免黄鳝受伤；运输前事先做好运输计划，避免中间出现时间耽搁等。

3. 科学放养　黄鳝在食物缺乏时有自相残杀的习性，因此放养时要根据食物条件选择适宜的放养密度。同一池塘要放养同一来源、规格相同的鳝种。放养前苗种要消毒。放养时间要合理，尽量提早放养，使黄鳝有较长的恢复期，到水温回升时，要提早开食，尽快使黄鳝进入正常生长，增强抗病力。

4. 做好"四定"投饵 "定点、定时、定质、定量"的科学投饵是通过饲养管理增强鱼体对致病因素的内在抵抗力的关键。"四定"投饵不是机械的一成不变，而是要根据季节、天气、水质和鱼的摄食情况、活动情况灵活调整，使黄鳝吃饱吃好，又不剩饵。

5. 加强水质、水温管理 保持水质清新，水色"肥、活、嫩、爽"，溶氧4毫克/升以上，各种理化因子在黄鳝的适应范围内；及时通过换水、搭建遮阳棚、提高水生植物的覆盖面积或减小黄鳝密度等措施防暑；通过提高水位确保水面不结冰、搭建塑料棚或放干池水后在泥土上铺盖稻草等措施防寒，尽量保持水温在20～28℃之间；保持鳝池内和池边漂浮性水生植物及攀缘性植物的合理密度，既要为黄鳝提供安全、隐蔽的环境，又不能妨碍黄鳝正常的摄食生长；还要及时捞出死亡的植物，避免其在池内腐败，败坏水质；在池中搭配放养少量泥鳅以活跃水体；每池放入数只蟾蜍，以其分泌物预防鳝病。

6. 加强日常管理 重视早、中、晚、凌晨的巡池检查，每天投饲前检查防逃设施，发现漏洞，及时修补；随时掌握鳝摄食情况，及时捞出残渣剩饵，清洗消毒食台，并调整投饲量；观察鳝的体色和活动情况，发现异常，应及时处理；勤除杂草、敌害、污物；查看水色，测量水温、pH值、氨氮、硫化氢等理化指标，嗅闻有无异味，及时换水或加注新水；晚上巡塘，注意捕捉青蛙，堵蛇洞；在池边栽一些荆棘，防止犬、猫靠近水边；在池周竖几个稻草人驱吓翠鸟等食鱼水鸟；做好巡池日志，为科学防治疾病提供第一手资料。

（三）控制和消灭病原

1. 彻底清塘消毒　池塘中的螺蚌是许多寄生虫的中间寄主，养鳝池要彻底清除底泥中的螺蚌；塘泥是许多鱼类致病菌和寄生虫的温床，黄鳝放养前要挖除过多淤泥，用生石灰或茶籽饼、漂白粉彻底清塘，消灭泥中的寄生虫卵或包囊。药物清塘后应特别注意，无论使用哪一种药物清塘，鳝苗、鳝种入塘前都应先放"试水鱼"，确定药物毒性已消失才能放鳝。

2. 建立严格消毒和隔离制度，实行"四消"　为防止疾病蔓延，养殖期间应建立严格的消毒制度，实行"鱼体消毒、饵料消毒、食台消毒、工具消毒"等四消制度。

鱼体消毒：即鳝种运输前、放养前、分塘换池前均应消毒；

饵料消毒：即鲜活饵料投喂前应在沸水中放置 3～5 分钟，或用 20 毫克/升高锰酸钾浸泡 15 分钟，或 5% 食盐浸泡 5～10 分钟消毒，再用淡水漂洗后投喂；

食台消毒：即食台每天应用 100 克/米^3 浓度高锰酸钾浸洗 30 分钟，或 5% 漂白粉浸洗 20 分钟消毒，清水洗净后再用；

工具消毒：即生产中所用的工具应每周 2～3 次定期消毒。可用 100 克/米^3 浓度高锰酸钾，浸洗 30 分钟；或

5% 食盐，浸洗 30 分钟；或 5% 漂白粉，浸洗 20 分钟。发病池的用具应单独使用，或经严格消毒，清水洗净后再用。

在养殖过程中，应加强巡池检查，一旦发现病鳝，应及时隔离饲养，并用药物处理，千万不要对病鳝采取听之任之的态度。

3. 流行季节前的药物预防 夏秋两季疾病流行季节，药物预防十分关键。鳝池周边环境每半个月用漂白粉或优氯净、强氯精、来苏水溶解后喷洒消毒 1 次；饲养期间池塘水每 10 天用漂白粉（含有效氯 28%） 1 克 / 米^3 全池遍撒，或生石灰 30～40 克 / 米^3 化浆全池遍洒，两者交替使用；为防止寄生虫病的发生，每 15 天用晶体敌百虫 0.5 克 / 米^3 或 1% 阿维菌素 0.05 克 / 米^3 化水后全池泼洒；定期拌饵投喂诺氟沙星、磺胺嘧啶、左旋咪唑或甲苯咪唑、伊维菌素等，预防各类细菌性或寄生虫疾病的发生；在饲料中不定期添加保肝素、电解多维、鱼肝油等，增强黄鳝的抗病力。

4. 消灭寄生虫的寄主及带病原的陆生动物 许多鸟类是黄鳝寄生虫的终宿主，青蛙、水蛇、水老鼠等更是黄鳝的大敌，因此饲养期间要想方设法阻止这些动物接近池塘或养殖区，有效地切断疾病的传播途径。

三、黄鳝疾病防治药物使用

（一）常用药物

防治黄鳝疾病常用的药物有三大类：一是生石灰、漂白粉等清塘消毒类药物，二是青霉素、链霉素等内服外用的西药，三是五倍子中草药。

1. 清塘消毒类药物

（1）**生石灰** 为白色或灰白色硬块。主要成分是氧化钙（CaO），遇水变成氢氧化钙〔Ca（OH）$_2$〕，并放出大量热量，能杀死水中大多数细菌、病毒、寄生虫和敌害生物。主要用于清塘消毒和防治细菌性疾病，还能调节水的酸碱度，改善底质。生石灰长期在空气中放置，易吸水失效，所以消毒时要用块状的。不要长时间存放，应现用现买。

一般带水清塘用量为：水深1米，每亩150千克；干池清塘用量为每亩75千克；平时鱼塘消毒用量为：水深1米，每亩20千克。

（2）**漂白粉** 为灰白色粉末，它是次氯酸钙、氯化钙和氢氧化钙的混合物，遇水后分解产生次氯酸和次氯酸根离子，次氯酸分解产生强烈杀菌能力的初生态氯，能杀死致病细菌、病毒和其他有害生物。用于主治细菌性疾病、清塘和浸泡消毒，一般有效氯含量为25%～30%。暴露于空气中时容易受潮失效，因此应该密封保存在阴暗干燥处，防止阳光照射和受潮。不能用棉织品盛装此药。现用现配。漂白粉能烧伤手，大量使用时应该戴手套。一般带水清塘用量为：水深1米，每亩15千克；干池清塘每亩用量为5千克；平时带鱼防治疾病用量为1克/米^{3}水体。

（3）**优氯净** 又名二氯异氰脲酸或二氯异氰脲酸钠，属有机氯消毒剂，为白色粉末或颗粒，有氯臭。有效氯含量不低于56%。性质稳定，水溶液呈弱酸性。有较强的杀菌作用，同时还有杀藻、除臭、净化水质作用。该药物忌用金属容器盛装。一般全池泼洒给药，可用于防治各种细菌性疾病以及池塘、工具和食台消毒。

（4）**强氯精** 又名三氯异氰脲酸（TCCA）。白色粉末，有效氯含量不小于85%，杀菌力比漂白粉大100倍，是高效、广谱和安全的消毒剂。对细菌、病毒、真菌和芽胞都有较强的杀灭作用，可用于清塘、浸泡、泼洒消毒和防治疾病。应在通风干燥处密封保存，贮存稳定，药效不散失，塑料袋装有效期比漂白粉长4～5倍，施后不残留，对人畜无害。一般带水清塘用量为：水深1米，每亩2.5～3千克；干池清塘用量为每亩1～2千克；一般带鱼防病用量为：水深1米，每亩100～150克。

（5）**二氧化氯** 又名复合亚氯酸钠，被世界卫生组织指定为A1级消毒剂。水产用二氧化氯是二氧化氯复合消毒剂，是高效低毒消毒剂，对水产动物低毒，对细菌、病毒、真菌、藻类，甚至原虫都有一定杀灭作用。杀菌能力不受水体pH值、氨氮以及有机物浓度影响，但杀菌效力随温度的降低而减弱。其持效性长，为有机氯消毒剂的10倍以上。该药物广泛用于防治鱼、虾、蟹、鳖、蛙的各种细菌性疾病以及池塘、工具和食台消毒。

低浓度的二氧化氯气体或二氧化氯溶液在自然状态下会分解，水产用二氧化氯受潮后两个组分反应易发生爆炸，应保存于通风阴凉干燥处。其溶液勿用金属容器配制，不与其他消毒剂混合使用。喷洒消毒操作时不可吸烟，不要逆风操作。

（6）**二氯海因**　又名二氯二甲基海因。为白色结晶性粉末、略带氯臭。有效氯含量 68% 以上，性质稳定。该药物对弧菌、大肠杆菌、嗜水气单胞菌、黏细菌、丝状细菌、柱状屈桡杆菌等细菌有很强的杀灭效果，同时对病毒和真菌也有一定的作用。该药物稀释后不可久放，随配随用。勿与酸、碱物质混存或混合使用，忌用金属容器盛装。该药物全池泼洒给药，可用于防治各种细菌性疾病和预防病毒性疾病以及池塘、工具和食台消毒。

（7）**溴氯海因**　又名溴氯二甲基海因，含氯消毒剂，略带氯臭。为白色粉状固体，有效氯含量在 92% 以上，一般制成有效溴含量 8% 的产品用于水体消毒。其性质稳定，微溶于水，其抗菌作用强于二氯海因，杀菌效果是二氯海因的 8～10 倍。该药物具有缓释功能，能根据水质情况自动调节，使水体长时间保持抑菌状态。该药物稀释后不可久放，随配随用。全池泼洒给药，防治对象同二氯海因。

> **注意：**生石灰是碱性药物，漂白粉、优氯净、强氯精、二氧化氯、二氯海因、溴氯海因等均为含氯消毒剂，都是酸性药物。这两类药物都是清塘消毒药物，养殖期间作为泼洒消毒药使用时，忌混合使用，以免酸碱中和反应，降低药效，要轮番交替使用，保持池塘 pH 值在 7 左右，不要长期使用一类药物。

（8）**聚维酮碘**　又名聚乙烯吡咯烷酮碘、皮维碘、PVP-I、伏碘，含有效碘 10%。毒性小、药效高、杀菌谱广，内服外用皆可，作用持久。对各种细菌、病毒、真菌、芽胞均有显著的杀灭效果。其效力不受水的硬度、有机物、pH值的影响。该药物宜密闭遮光保存于阴凉干燥处，勿与金属物品接触，勿与季铵盐类消毒药物混合使用。该药物用于防治病毒性疾病，用其水溶液对受精卵及鱼种浸洗，可预防病毒性疾病的发生，此外还用于池塘、鱼种、工具和食台消毒以及防治鱼类细菌性疾病。

（9）**四烷基季铵盐络合碘** 又名双链季铵盐络合碘。该药物刺激性小、毒性小，对细菌、病毒、真菌、浮游动物、藻类、虫卵均有强烈的杀灭作用，其作用比含氯消毒剂强2～3倍，且消毒效力持续2周，不易使病原产生耐药性。全池泼洒给药，用于防治鱼类由细菌、病毒、芽胞等引起的疾病及杀灭藻类，还可用于池塘、鱼种、工具和食台消毒。该药物注意勿用金属容器盛装，勿与碱性物质同时使用，勿与阴离子表面活性剂混用，使用后注意池塘增氧。

（10）**食盐** 为无色或白色结晶性粉末，无臭，味咸，在水中易溶。作为消毒剂、杀菌剂和杀虫剂，低浓度对病原体的生长有刺激作用；而在较高浓度时，则能抑制病原体生长。使用时浸泡时间长短视水温高低、鱼耐受情况而定。用其水溶液浸洗可防治各种淡水鱼寄生虫如嗜子宫线虫病，因原虫寄生而引起的多种皮肤或鳃的寄生虫病，由水霉菌引起的真菌性疾病，以及某些细菌性疾病。常用浓度为2.5%～4%。

（11）**高锰酸钾** 为紫黑色晶体，易溶于水，阳光下易失效，所以应装于棕色玻璃瓶中。常用于鱼体、工具和食台的浸泡消毒，以及治疗三代虫、指环虫、锚头蚤等寄生虫病。溶液要现用现配，使用时必须避光，而且要使用清澈、含有机质少的水溶解。常用浸泡浓度为 20 克 / 米^3。

（12）**硫酸铜** 又名蓝矾，为透明深蓝色结晶或粉末。常用于浸泡消毒鱼体、工具、饵料台和防治寄生虫病。能杀死水藻、水蜈，消除青泥苔。常与硫酸亚铁合用。用时要严格按安全浓度计算用量。溶解药物的水温不要超过 60℃，否则容易失效。不能在铁制容器中溶解。

（13）**敌百虫** 是一种高效低毒的有机磷杀虫剂。常用浸泡、泼洒杀灭水体中及黄鳝的体表寄生虫。一般用晶体敌百虫。该药物应置于通风阴凉干燥处密封保存。忌用金属容器配制和喷洒药液。

敌百虫对黄鳝有一定的毒害作用，因此使用晶体敌百虫防治黄鳝寄生虫病时，应严格控制用量。泼洒、浸浴用量为 0.5～0.7 克 / 米^3。用量低于 0.5 克 / 米^3，不能杀死寄生虫；高于 0.8 克 / 米^3，会使黄鳝慢性中毒。

2. 内服外用西药

（1）**碘** 为紫黑色结晶片或颗粒，有臭味。可以杀死细菌、芽胞、真菌和病毒，常用碘液涂抹鱼体表面伤口，防治疾病。用棕色瓶密封保存于阴暗处。

（2）**亚甲基蓝** 又叫美蓝，为深绿色有光泽柱状结晶或深褐色粉末，易溶于水和醇。常涂抹在鱼身体表面伤口处，预防水霉病。用棕色瓶密封保存在阴暗处。

（3）**磺胺嘧啶** 又名 SD、磺胺哒嗪。为白色或类白色的结晶粉末，无臭，无味，在水中几乎不溶。该药对大多数革兰氏阳性菌及阴性菌均有抑制作用。其吸收快，排泄较慢，有效浓度可维持较长时间，副作用和毒性小。内服给药，可用于防治细菌性疾病。

磺胺类药物与甲氧苄啶（TMP）配伍抗菌效果增强。与碳酸氢钠并用可增加排泄吸收，可降低对肾脏的不良反应，减少结晶析出及减少对胃肠道的刺激。磺胺类药物与甲氧苄啶同用，第一天药量加倍。

（4）**磺胺二甲异噁唑** 又名 SIZ、磺胺异唑、菌得清。为白色或微黄色的结晶或粉末，无臭，味苦。内服或肌内、腹腔注射给药，可用于治疗鱼类多种细菌性疾病。

（5）**青霉素** 为白色粉末，常作针剂用，用于防治亲鱼产后感染和运输受伤感染。运输苗种时，在水中适当添加此药，可以稳定水质，提高运输成活率。

（6）**土霉素** 为黄色结晶或粉末，难溶于水，盐酸土霉素则溶于水。为广谱抗生素，细菌对其耐药性产生很慢，生产上多用浸浴法和拌饵料投喂法防治细菌性疾病。

（7）**金霉素** 盐酸金霉素为黄色结晶，微溶于水。为广谱抗生素，生产上常用金霉素软膏涂抹鱼体伤口，以防细菌感染。也可用于浸溶。遇光易失效，应避光密封保存在干燥低温处，冷藏更好。

（8）**诺氟沙星** 又名氟哌酸，是第三代喹诺酮类抗菌药物。为类白色或淡黄色结晶性粉末，无臭，味微苦。杀菌作用较强，抗菌谱较广，对大多数鱼类病原菌都具有高度抗菌活性。不易使病原菌产生耐药性，与同类药物之间不存在交叉耐药性。口服给药，可用于防治多种细菌性疾病。

（9）**氟苯尼考**　又名氟甲矾霉素。属氯霉素类抗生素，但不引起骨髓抑制或再生障碍性贫血。为白色或类白色结晶性粉末，无臭。本品市场有售氟苯尼考注射液及 10% 氟苯尼考粉剂。口服给药，可用于防治细菌性疾病。长期使用本品（超过 10 天）易引起鱼类厌食及死亡。

（10）**庆大霉素**　又名正泰霉素。为微黄色粉末，广谱抗生素，水中易溶。口服、药浴给药，主要用于防治细菌性疾病。应在阴暗处用有色瓶密封保存。

注意： 磺胺类药物和抗生素长期使用容易使病原产生耐药性，也易产生残留。因此不能随意使用，也不能长期使用同一种药物。治疗疾病时应就诊于正规鱼病诊所，确诊病情后，对症下药。

（11）**盐酸左旋咪唑**　又名左咪唑、左噻咪唑。为白色或类黄白色结晶粉末，无臭，味苦。在水中极易溶解，在碱性水溶液中易分解失效。该药是广谱、高效、低毒、副作用较低的驱虫药。密闭保存。不宜与碱性药物配伍使用。内服给药，治疗鱼类体内寄生虫病。

（12）**甲苯咪唑**　又名甲苯达唑。为白色或微黄色结晶性粉末，无臭，无味，在水中不溶。本品对多种体内寄生虫有快速的杀灭作用，不但能驱除成虫、幼虫，且能抑制虫卵发育。口服给药，治疗体内寄生虫病。遮光密封保存。

3. 常用中草药

（1）**大蒜** 是最常见的治疗鱼病的植物，有止痢、杀菌、驱虫和健胃的作用。常用来防治肠炎病。用法是捣碎后拌饵投喂黄鳝。

（2）**五倍子** 常用熬煎过的五倍子浓液全池泼洒或拌饵投喂治疗细菌性疾病。全池泼洒用量为 10 克 / 米^3 水体，用水浸泡后煎熬成汁再泼洒。

（3）**地锦草** 又叫奶浆草、血见愁、铺地红，匍匐性草本植物，在房前屋后、路边、桑树林中都生长有。地锦草含有黄酮类化合物及没食子酸，有强烈抑菌作用，抗菌谱广，并有止血和中和毒素作用。常用于防治肠炎和烂鳃病，可单用，也可以和铁苋菜等合用。

（4）**水辣蓼** 又叫辣蓼草，1 年生草本，喜欢生长在潮湿的地方，全国各地都有分布，夏秋季节采集。叶内多种化合物有杀菌、杀虫的作用，常用于治疗肠炎和烂鳃病。

（5）**菖蒲** 为多年生草本，全草有一种特殊香气，喜欢生长在沼泽、沟旁、湖边。含芳香挥发油 1.5%～3.5%，有杀菌作用。主要用于治疗肠炎。

（6）**苦楝** 落叶乔木，喜欢生长在旷野、村边、路旁。含有川楝素，有杀虫作用。根枝叶作药用，可防治车轮虫病、隐鞭虫病和锚头蚤病等。

（7）**车前草** 又叫车轮菜、钱贯草、蒲杓草，我国许多地方都有生长，荒地湿坡上常见。性凉味甘，能消炎解毒，主治肠炎、皮炎、疮疡肿毒等。

鱼类常用中草药见图 7-2。

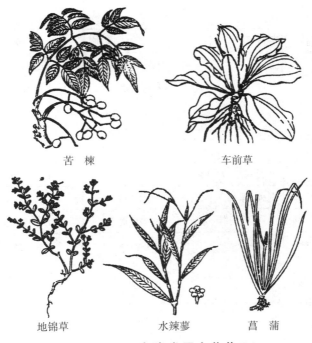

苦　楝　　　　　　　　　　车前草

地锦草　　　　水辣蓼　　　菖　蒲

图 7-2　鱼类常用中草药

　　我国规定禁止在食用鱼类预防和治疗疾病时使用的药物见表 7-1。

表 7-1　禁用渔药

药物名称	别　名	药物名称	别　名
地虫硫磷	大风雷	酒石酸锑钾	
六六六		磺胺噻唑	消治龙
林丹	丙体六六六	磺胺脒	磺胺胍
毒杀芬	氯化莰烯	呋喃西林	呋喃新

续表 7-1

药物名称	别　名	药物名称	别　名
滴滴涕		呋喃唑酮	痢特灵
甘汞		呋喃那斯	P-7138（实验名）
硝酸亚汞		氯霉素（包括其盐、酯及制剂）	
醋酸汞		红霉素	
呋喃丹	克百威、大扶农	杆菌肽锌	枯草菌肽
杀虫脒	克死螨	泰乐菌素	
双甲脒	二甲苯胺脒	环丙沙星	环丙氟哌酸
氟氯氰菊酯	百树菊酯、百树得	阿伏帕星	阿伏霉素
氟氰戊菊酯	保好江乌、氟氰菊酯	喹乙醇	喹酰胺醇羟乙喹氧
五氯酚钠		速达肥	苯硫哒唑氨甲基甲酯
孔雀石绿	碱性绿、盐基块绿、孔雀绿	己烯雌酚（包括二醇等其他类似合成等雌性激素）	乙烯雌酚，人造求偶素
锥虫胂胺		甲基睾丸酮（包括丙酸睾丸素、去氢甲睾酮以及同化物等雌性激素）	甲睾酮甲基睾酮

注意： 过去常用于防治水霉病的孔雀石绿，用于防治细菌性疾病的红霉素、氯霉素、呋喃唑酮、磺胺脒、磺胺脒、环丙沙星，用于饲料添加促生长的喹乙醇，用于治疗小瓜虫病的甘汞、醋酸汞、硝酸亚汞等，现在均为禁用的渔药。

（二）给药方法

1. 注射法　用注射法给鳝体注入青霉素、链霉素或庆大霉素，是最直接有效的治疗方法，又快又好。但是黄鳝体小、个体数量多，注射操作过程烦琐，尤其是需要将黄鳝从水中捞出，不但费时费力费工，而且容易使鳝受伤。所以生产上一般仅用于亲鱼催产和亲鱼产后预防治疗。

2. 涂抹法　是将药物直接抹在伤处。这种方法与注射法有同样的困难，一般只对个别受伤的个体使用，在运输后放养前、拉网选种时，以及亲鱼产后受伤等情况下使用。

3. 浸泡法　又叫浸洗法或药浴法。这种方法是将药物配制成较高浓度的水溶液，盛在小型容器中，将鳝鱼放在溶液中浸泡一段时间，以达到杀菌灭虫的消毒目的。这种方法经常使用，同时需严格控制溶液浓度、水温和浸泡时间。在较大的池塘中采用时，可将黄鳝拉网至池的一角圈起来，然后在鳝鱼密集处泼洒较高浓度的溶液。在网箱中操作时，可先将网箱四周用塑料薄膜围起来，然后在网箱中泼洒高浓度溶液，浸泡一段时间后，撤去塑料薄膜，将网箱内水换掉即可。

4. 全池泼洒法　是将药物用水溶解稀释后，在养鳝池里均匀泼洒，使池水在较长一段时间里保持一定的药物浓度，以杀死致病生物。这种方法简单易行，所以最常使用。因为此法需要的药量比较大，所以常用于一些廉价的药物，像生石灰、敌百虫、漂白粉等。此法用药，药效受水中温度、有机物、酸碱度及底质的影响很大，需要根据这些环境条件酌情增减药量。

5. 拌饵投喂法 是将药物拌在饵料中，给黄鳝鱼喂服。又叫内服法或口服法。通常使用的是一些低毒药物。采用此法要注意：药物要先碾成粉状，再拌在饵料中，以免药物浓度不均，造成黄鳝中毒；由于确定药量要事先估计黄鳝摄食饵料量，所以误差较大。

6. 挂袋（篓）法 是将药物装在竹篓或布袋里，然后悬挂在食场或黄鳝经常活动的地方，袋里的药物不断溶解流出，使周围持续保持较高药物浓度，达到杀虫灭菌目的（图7-3）。这种方法安全、有效，而且用药量少，在生产中经常使用。但是有些药物有异味，挂食场附近会影响黄鳝的摄食量，投饵时应适当减量。

图7-3 挂袋（篓）消毒法

四、黄鳝常见病诊治

（一）水 霉 病

【病因与病症】 黄鳝水霉病是由于鳝体机械损伤后被水霉菌感染所致。可能是运输过程中受伤，也可能是放养大小相差很大的鳝种，引起大吃小受伤，或是放养密度太大、饵料不足，引起互相争食受伤。可见黄鳝的伤口中长出棉花一样的白毛，所以又叫"白毛病"。黄鳝卵也经常患这种病。

该病易发生在低温的春、秋和冬季，越冬囤养尤其易患此病，此病初期症状不明显，数天后病患部位长出棉絮状菌丝，并迅速扩展，形成肉眼可见的白毛，甚至骨肉糜烂。病鳝离穴独游，食欲不振，最终消瘦或并发细菌性疾病死亡。

【预防措施】 ①运输、拉网过程要轻拿轻放，避免受伤；②放养鳝种规格要一致，放养密度不宜过大；③投喂饵料要新鲜充足；④鳝种放养前认真消毒；⑤黄鳝卵用0.4‰食盐和0.4‰小苏打混合溶液浸洗10～15分钟，连续2天，以后每天10升水放高锰酸钾1克配成溶液，在孵化容器中泼洒，直到鳝苗将要孵出为止。

【治疗方法】 ①每立方米水体用食盐和小苏打各400克化水泼洒；或亚甲基蓝0.3克泼洒，连续3天；②5%碘酒或1%高锰酸钾涂抹伤处；③3%～5%食盐溶液浸洗病鳝 3～5 分钟，连续 2～3 天。

（二）腐 皮 病

【病因与病症】 腐皮病是由细菌引起的疾病，多为体表创伤引起的继发性感染。病鳝行动无力，常将头伸出水面，久不入穴。体表局部出血发炎，出现黄豆或蚕豆大小的红斑，继而出现圆形或椭圆形坏死和糜烂，先露出白色真皮，尤其是腹部两侧最严重，皮肤充血发炎的红斑形成显明的圆形轮廓。所以又叫"打印病"。严重时，表皮腐烂成漏斗状的小洞，可见骨骼和内脏，尾巴常常烂掉。它是目前黄鳝养殖中危害最严重的疾病。

【预防措施】 经常换水，保持水质清新；每隔半个月，全池泼洒 1 次生石灰，用量为水深 1 米，每亩用 10 千克。

【治疗方法】 ①外用药物。全池用漂白粉 1～1.2 克 / 米³ 水体；或溴氯海因 0.1～0.2 克 / 米³ 水体；或明矾 0.05 克 / 米³ 水体化水泼洒，2 天后用生石灰 10 克 / 米³ 水体化水泼洒；或用五倍子 2～4 克 / 米³ 水体全池遍洒。②在鳝池内投放蟾蜍，如果刚刚开始患病，可以取 1～2 只癞蛤蟆，剥去头皮，用绳子系住，在池子里拖几遍，1～2 天内可以痊愈。

（三）烂 尾 病

【病因与病症】 烂尾病是由嗜水气单胞菌感染引起的。此病在高密度养殖的黄鳝池或运输途中容易发生。发病初期，病鳝尾部充血发炎，随着病情发展，尾部肌肉出现坏死腐烂，严重时尾部烂掉，尾椎外露。病鳝反应迟钝，头常露出水面。烂尾病，严重影响黄鳝的生长，虽不易致死，但易并发其他细菌性疾病。

【预防措施】 ①改善鳝池水质和环境卫生。放养密度不宜过大。②运输过程中防止鳝体受伤，在运输黄鳝的容器内放置水草、压冰块，每 6～10 千克黄鳝投放庆大霉素 8 万单位，降低密度。

【治疗方法】 ①药浴。金霉素，25 万单位 / 米^3 水体浸洗患病黄鳝；或二氧化氯，10 克 / 米^3 水体药浴病鳝 5～10 分钟。②外用药物。溴氯海因 0.2 克 / 米^3 水体，化水全池泼洒。③口服药物。每 100 千克黄鳝用土霉素 5 克或磺胺药物 2 克拌饵投喂，每天 1 次，连喂 5～7 天。

（四）赤 皮 病

【病因与病症】 赤皮病多为捕捞或运输过程中造成外伤，然后感染细菌引起。病鳝游泳无力，反应迟钝，头常伸出水面。病鳝体表有大小不一的红斑，呈点状充血发炎，鳝体两侧和腹部尤为明显，呈块状，又叫"擦皮瘟"。有时黄鳝上下颌及鳃盖也充血发炎。在病灶处常继发水霉菌感染。病情严重时，表皮溃烂，并向肌肉延伸，形成不规则小洞，殃及内脏器官而造成死亡。此病春末夏初高发。

【预防措施】 捕捞和运输过程中，精心操作，避免黄鳝受伤；黄鳝放养时充分消毒，挑出受伤个体；用生石灰彻底清塘消毒，保持水质良好，防止污染；疾病流行季节，每隔半个月用漂白粉或聚维酮碘 1 克 / 米^3 水体，化水全池泼洒。

【治疗方法】 ①外用药物。漂白粉或聚维酮碘 1 克 / 米³ 水体，化水全池泼洒；或溴氯海因 0.1～0.2 克 / 米³ 水体化水遍洒；或用明矾 0.05 克 / 米³ 水体对水泼洒，2 天后用生石灰 10 克 / 米³ 水体化水泼洒；或用五倍子 2～4 克 / 米³ 水体，加水熬 1 小时，取汁液对水全池遍洒。②口服药物。每 100 千克黄鳝用磺胺嘧啶 5 克拌饵投喂，每天 1 次，连喂 6 天。③药浴和涂抹。将病鳝放入 2.5% 食盐水溶液中浸洗 10～20 分钟；或 2.5%～10% 食盐水擦洗患部。

（五）梅花斑病

【病因与病症】 该病的发病原因不详，据症状分析可能是由细菌感染引起。长江流域一带常发生在 7 月中旬。起初黄鳝背部出现黄豆或蚕豆粒大的黄色圆斑，有时呈弥漫性出血，逐步发展至体侧、全身。

【预防措施】 在鳝池内放养几只蟾蜍。

【治疗方法】 用 1～2 只蟾蜍剥去头皮，用绳子系好，在鳝池内反复拖几遍，1～2 日后可痊愈。

（六）肠 炎

【病因与病症】 黄鳝吃了变质的饵料，或是饥一顿饱一顿吃食不规律，引起生理功能紊乱，细菌乘机侵入肠道引起肠炎病。病鳝反应迟钝，萎靡不振，体色发黑，肛门红肿，腹部膨大，轻压腹部有黄色或红色黏液从肛门流出。剖检可见肠道发炎充血，肠壁淤血。

【预防措施】 保持水质良好，不喂变质饵料，坚持"定时、定位、定质、定量"投喂，并及时清除残渣剩饵。

【治疗方法】 ①磺胺类药物拌饵投喂，用量为每100千克黄鳝用磺胺嘧啶5克，1天1次，5～7天1个疗程。②大蒜拌饵投喂，每100千克黄鳝每天用30克，分2次投饲，连喂3～5天。③土霉素拌饵投喂，每100千克黄鳝用5克，1天1次，5～7天1个疗程。④地锦草、水辣蓼或菖蒲，熬汁拌饵投喂，每100千克黄鳝用1千克，3天1个疗程，1天1次。同时，用漂白粉1克/米^{3}水体，或聚维酮碘1克/米^{3}水体，或溴氯海因0.2克/米^{3}水体，化水全池遍洒。

（七）疖疮病

【病因与病症】 该病又称瘤痢病，是由疖疮型点状产气单胞菌引起的疾病。发病初期，病鳝背部肌肉组织发炎，不久出现脓疮，内有含血的脓液。

【预防措施】 黄鳝放养时，充分消毒，挑出受伤个体；用生石灰彻底清塘消毒，保持水质良好，防止污染；疾病流行季节，每隔半个月每立方米水体用漂白粉1克或聚维酮碘1克，化水全池泼洒。

【治疗方法】 漂白粉，用量1克/米^{3}水体，化水全池泼洒；10%食盐水浸洗病鳝3～5分钟。

（八）出血病

【病因与病症】 从患病症状来看，出血病是由气单胞菌引起，也有人认为该病是由于苗种质量不好，或天气因素如连续低温、降雨等恶劣环境，造成黄鳝抵抗力降低，而使细菌、病毒交叉感染的一种综合征。疾病发生时，病鳝白天头部露出水面（俗称"打桩"），晚上身体部分露出水面（俗称"上草"），体表布满大小不一的绿豆至蚕豆大小的出血斑，有时呈弥漫性出血，腹部尤其明显，逐步发展到体侧、背部。病鳝呼吸加快，不停地按顺时针方向绕圈翻动。肛门红肿，外翻出血，口腔内有血样黏液，倒置能自行流出。剖检可见病鳝内脏器官出血，特别是肝脏损坏较严重，腹腔、肠道充血。此病多发于盛夏至初秋季节。

该病按病程大致可分为急性型、亚急性型、慢性型3种。

【预防措施】 ①放养黄鳝时，用生石灰对鳝池彻底消毒；②养殖期间采用综合预防措施；③发现病鳝、死鳝及时捞出，防止传染其他鳝鱼。

【治疗方法】 ①药浴。10克/米^{3}二氧化氯或漂白粉溶液，浸洗病鳝5～10分钟。②外用药物：漂白粉或聚维酮碘1克/米^{3}水体，溴氯海因0.2克/米^{3}水体，化水全池泼洒。③发病严重时，应采取综合治疗。彻底换水后，用溴氯海因0.2克/米^{3}水体或漂白粉1克/米^{3}水体，化水全池泼洒。此后，每天坚持用生石灰10千克/米^{3}水体化水泼洒，傍晚换水。同时，每100千克黄鳝用磺胺间甲氧嘧啶2克或磺胺嘧啶10克拌饵投喂，每天1次，连喂6天；或每100千克鳝鱼用水花生4千克、大蒜头0.5千克，捣烂加少量食盐，拌入蚯蚓糊，每天投喂2次，连喂3天；或每100

千克黄鳝用大黄1千克拌饵投喂，每天1次，连用3～5天；或每100千克黄鳝用2.5克诺氟沙星拌饵投喂，连喂5天，第一天药量加倍。④蟾蜍1～2只剥去头皮，用绳子系住，在池中反复拖行。

注意：治疗黄鳝细菌性疾病，应注意用药的连续性，按疗程治疗，一两次用药或间断用药，都达不到治疗效果。

（九）球　虫　病

【病因与病症】　球虫病由球虫寄生引起。球虫又叫艾美虫，主要寄生在黄鳝肠道内。病鳝外表症状不明显，严重者腹部膨大，肠管内壁形成许多灰白色的瘤状肿块，溃烂，产生白色脓液，并蔓延至其他内脏器官，主要危害成鳝，显微镜下能看到球虫的卵囊。

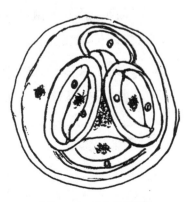

图 7-4　球虫卵囊

【预防措施】 放养黄鳝前，彻底清塘消毒，杀灭球虫和卵囊；每年 4～8 月，用 90％晶体敌百虫 0.5～0.7 克 / 米³，或 1％阿维菌素 0.05 克 / 米³，化水全池泼洒，每月 1～2 次。

【治疗方法】 每 100 千克黄鳝用 0.2～0.3 克左旋咪唑或甲苯咪唑拌饵投喂，连喂 3 天。

> 注意：用杀虫药物如敌百虫、硫酸铜等，全池泼洒用药，会消耗池水中溶氧，因此施药后要开增氧机增氧。

（十）锥体虫病

【病因与病症】 该病是由锥体虫寄生引起的。锥体虫寄生在黄鳝血液里患病表现黄鳝食欲不振，精神萎靡，表现为身体瘦弱，生长不良，常将身体裸露于水生植物上昏睡。血液涂片在显微镜下可见锥体虫虫体（图 7-5），颤动快，移动慢。

图 7-5 锥体虫

【预防措施】 彻底清塘，消灭中间寄主水蛭（蚂蟥）。每年 4～8 月，用 90％晶体敌百虫 0.5～0.7 克 / 米³，或 1％阿维菌素 0.05 克 / 米³，化水全池泼洒，每月 1～2 次。

【治疗方法】 该病目前尚无有效治疗方法。可以试用以下方法：①硫酸铜和硫酸亚铁（5:2）合剂浸洗病鳝 10 分钟，用量为 7 克 / 米³ 水体。② 3%～4% 食盐水浸洗 10 分钟。③鲜辣蓼 1 千克 / 米³ 水体，加水小火煎成浓汁，沸腾后约 8 分钟，取汁液放凉，加入漂白粉 1 克 / 米³ 水体，均匀搅拌后全池泼洒。④用网片包若干包鲜菖蒲，均匀吊放在池塘水体中，7 天后取出。⑤用网片包若干包鲜柳叶，用量为 20～25 克 / 米³ 水体，均匀吊放在池塘水体中，7 天后取出。

> **注意：** 使用硫酸铜治疗黄鳝寄生虫病，最多只能使用 2 次，而且不能连续使用，中间要间隔 5～7 天，否则会对黄鳝产生危害。可用鲜菖蒲、辣蓼和柳叶替代。柳叶对黄鳝也有危害，要严格控制用量，且浸泡时间不能超过 7 天。

（十一）颤动隐鞭虫病

【病因与病症】 该病是由颤动隐鞭虫寄生在黄鳝血液中引起，一般危害不大，严重感染时，可引起黄鳝贫血，身体瘦弱，生长不良，常将身体裸露于水生植物上昏睡。血样涂片在显微镜下可见到虫体（图 7-6）。

【预防措施】 以彻底清塘

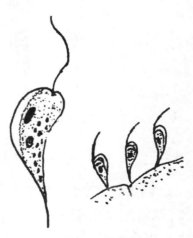

图 7-6　隐鞭虫

为主。

【治疗方法】 该病目前尚无有效治疗方法。可以试用治疗锥体虫病的方法。

（十二）棘头虫病

【病因与病症】 该病是黄鳝最常见的寄生虫病之一，是由隐藏新棘虫（图7-7）寄生在黄鳝前肠肠道里引起。病鳝食欲减退，生长缓慢，严重时引起死亡。剖检肉眼可见前肠腔内有大量乳白色虫体，其吻部钻在肠壁组织内，致肠壁损伤充血发炎，部分组织坏死；或因大量寄生时可引起肠梗阻，肠穿孔。镜检虫体吻小，可自由伸缩，吻钩排列成4圈，每圈有8个的特征而确诊。

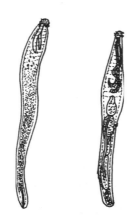

图7-7 隐藏新棘虫（左雄右雌）

【预防措施】 该病一年四季都能发生，预防应在鳝种放养前彻底清塘消毒，杀死中间寄主劳氏中剑水蚤。每年4～8月，用90%晶体敌百虫0.5～0.7克/米^3，或1%阿维菌素 0.05 克 / 米 ^{3}，全池泼洒，每月 1～2 次。

【治疗方法】 ①晶体敌百虫 0.5～0.7 克 / 米 ^{3}，全池泼洒。②全池泼洒和内服法结合治疗，用晶体敌百虫 0.5～0.7 克 / 米 ^{3}，化水全池泼洒，同时每 100 千克黄鳝用 0.2～0.3 克左旋咪唑或甲苯咪唑和 2 克大蒜素粉或磺胺嘧啶拌饵投饲，连喂 3 天。③每 100 千克黄鳝用伊维菌素粉剂 30 毫克拌饵投喂，每天 1 次，连用 3 天。④每 100 千克黄鳝用阿苯达唑 1.2 克，拌饵投喂，连喂 3 天；同时用晶体敌百虫 0.5～0.7 克 / 米 ^{3}，化水全池泼洒 1 次。

注意：许多书籍和文章介绍使用晶体敌百虫拌饵投喂治疗黄鳝肠道寄生虫，本书认为最好不用敌百虫拌饵投喂黄鳝。因为敌百虫对黄鳝有较大危害，用量稍有偏差，就会造成黄鳝大批死亡。

（十三）毛细线虫病

【病因与病症】 毛细线虫主要寄生在黄鳝的肠道里，以头部钻入黄鳝肠壁黏膜，破坏组织，常在肠壁黏膜内形成胞囊状，使其他病原菌侵入肠壁，引起肠壁充血发炎；显微镜下能看到乳白色虫体，细长如线，长 2～11 毫米，尾稍钝圆（图 7-8）；大量

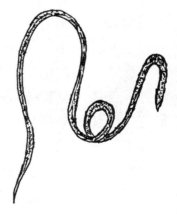

图 7-8 毛细线虫

寄生时，能充满整个肠道。病鳝离穴分散池边，极度消瘦，继而死亡。该病只在夏季发生。

【预防措施】 鳝种放养前，彻底清塘消毒。每年 4～8月，用 90% 晶体敌百虫 0.5～0.7 克 / 米^3，或 1% 阿维菌素 0.05 克 / 米^3，全池泼洒，每月 1～2 次。

【治疗方法】 ①贯众、荆芥、苏梗、苦楝树根皮等中草药合剂（比例为 10：5：3：5），按每 100 千克黄鳝用药总量 500 克，加入相当于总药量 3 倍的水煎至原水量的一半，倒出药汁，再按上述方法加水煎第二遍，将两次所煎药汁倒入饲料中拌饵料投喂，连喂 6 天。②每 100 千克黄鳝用左旋咪唑或甲苯咪唑 0.2～0.3 克，拌饵投喂，连喂 3 天。③每 100 千克黄鳝用阿苯达唑 1.2 克，拌饵投喂，连喂 3 天；同时用晶体敌百虫 0.5～0.7 克 / 米^3，全池泼洒 1 次。

（十四）胃瘤线虫病

【病因与病症】 该病是黄鳝最常见的寄生虫病之一，由胃瘤线虫幼虫寄生于黄鳝的体腔内引起。胃瘤线虫幼虫以包囊形式附着于肠壁及肠系膜等处。病鳝无明显症状，停止摄食，逐渐消瘦，最后死亡。剖检可见黄鳝肠道发炎红肿，肉眼可见胃瘤线虫幼虫。少量寄生时危害不大；大量寄生会使黄鳝抗病力下降，导致其他疾病发生。该线虫的感染率和感染强度有随宿主体长的增加而增加的趋势，但有些波动，在体长 35～40 厘米的黄鳝中，其感染强度先有所下降，后又迅速增加，体长 45 厘米以上的黄鳝感染率降低。

【预防措施】 鳝种放养前，彻底清塘消毒。每年 4～8 月，用 90%晶体敌百虫 0.5～0.7 克 / 米^3，或 1%阿维菌素 0.05 克 / 米^3，化水全池泼洒，每月 1～2 次。

【治疗方法】 ①全池泼洒和内服法结合治疗，晶体敌百虫 0.5～0.7 克 / 米^3，化水全池泼洒，同时每 100 千克黄鳝用左旋咪唑或甲苯咪唑 0.2～0.3 克，以及 2 克大蒜素粉或磺胺嘧啶拌饵投喂，连喂 3 天。②每 100 千克黄鳝用伊维菌素 30 毫克拌饵投喂，每天 1 次，连用 3 天。③每 100 千克黄鳝用阿苯达唑 1.2 克，拌饵投喂，连喂 3 天；同时用晶体敌百虫 0.5～0.7 克 / 米^3，化水全池泼洒 1 次。

（十五）嗜子宫线虫病

【病因与病症】 该病由嗜子宫线虫病寄生引起。虫体血红色，寄生于鳝体肠道和腹腔中。该虫一般冬季出现在黄鳝体内，春季水温回升后，虫体迅速生长而使黄鳝发病，6 月左右虫体死亡，故夏秋季不发此病。

【预防措施】 鳝种放养前，彻底清塘消毒。越冬前，每 100 千克黄鳝用左旋咪唑或甲苯咪唑 0.2～0.3 克拌饵投喂，隔 1 天再喂 1 次，驱除体内寄生虫。

【治疗方法】 ①全池泼洒和内服法结合治疗，晶体敌百虫 0.5～0.7 克 / 米^3，化水全池泼洒，同时每 100 千克黄鳝用左旋咪唑或甲苯咪唑 0.2～0.3 克，以及大蒜素粉或磺胺嘧啶 2 克拌饵投喂，连喂 3 天。②每 100 千克黄鳝用阿苯达唑 1.2 克，拌饵投喂，连喂 3 天；同时用晶体敌百虫 0.5～0.7 克 / 米^3，化水全池泼洒 1 次。

（十六）黑 点 病

【病因与病症】 该病是由茎双穴吸虫（新复口吸虫）后囊蚴（图7-9）寄生在鳝体皮下组织引起的。发病初期鳝尾部出现黑色小圆点，随后小圆点颜色逐渐加深并隆起，有的黑点进入皮下组织，蔓延至体表很多地方。病鳝烦躁不安，停止吃食，消瘦死亡。

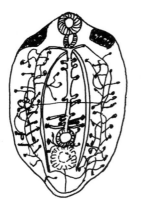

图7-9 双穴吸虫后囊蚴

【预防措施】 用生石灰彻底清塘。用硫酸铜0.7克/米^{3}水体，化水全池泼洒，杀灭复口吸虫中间宿主椎实螺；也可以用二氯化铜或醋酸铜0.7克/米^{3}水体，化水全池泼洒。

【治疗方法】 该病目前尚无有效治疗方法。发现患病黄鳝及时隔离，并全池消毒。

（十七）独孤吸虫病

【病因与病症】 该病是由鳗鲡独孤吸虫寄生引起的。独孤吸虫寄生在黄鳝的胃里，引起胃充血发炎，鳝体消瘦，生长缓慢。

【预防措施】 放养前彻底清塘消毒。每年4～8月，用90%晶体敌百虫0.5～0.7克/米^3，或1%阿维菌素0.05克/米^3，化水全池泼洒，每月1～2次。

【治疗方法】 每100千克黄鳝用0.2～0.3克左旋咪唑

或甲苯咪唑，拌饵投喂，连喂 3 天。

（十八）蛭 虫 病

【病因与病症】 水蛭俗称蚂蟥。在黄鳝养殖中，对黄鳝造成危害的主要是缘拟扁蛭（图 7-10）。其个体小，较大的也仅有半粒绿豆大小。这种水蛭常以吸盘吸附于黄鳝的体表，以黄鳝前半部的躯体表皮最易吸附，吸取黄鳝血液和体液为食，大量吸附时造成黄鳝营养不良，体质瘦弱，还会继发细菌性感染，严重时可导致全池黄鳝死亡。

【预防措施】 放养前彻底清塘消毒。每年 4～8 月，用 90％晶体敌百虫 0.7 克/米^3，化水全池泼洒，每月 1～2 次。

【治疗方法】 ①晶体敌百虫 0.7 克/米^3 水体，浸洗病鳝 30 分钟。②高锰酸钾 10 克/米^3 水体，浸洗病鳝 30 分钟。

图 7-10 缘拟扁蛭

（十九）发 烧 病

【病因与病症】 据分析，该病可能是黄鳝在暂养和运输过程中，因为密度过大，体表黏液在水中积聚发酵，释放大量热量，使水温突然升高，水常呈暗绿色，具有比较强烈的臭味，溶氧降低，引起发病。养殖期间，高密度养殖池偶有发生，多发生于 7～8 月。病鳝表现烦躁不安，头胸部伸出水面挣扎摆动或互相缠绕，头部膨大，体表黏液脱落、积聚发酵，池水黏性增加，如不及时处理会造成大批黄鳝暴毙。

【预防措施】 ①降低放养密度，经常换水，保持水质清新。②在黄鳝池中搭养少量泥鳅，以便吃掉残饵，去除底泥中过多有机质，防止黄鳝缠绕。③运输前，先经蓄养，勤换水，使黄鳝体表泥沙洗净，肠内排泄物排净，在气温 $23 \sim 30℃$ 时，每隔 $6 \sim 8$ 小时，彻底换水 1 次，或每隔 24 小时，投入青霉素 30 万单位 / 米^3 水体。④运输时，严格控制装运密度；套运泥鳅，利用泥鳅上下蹿游，防止黄鳝相互缠绕；在运输箱中添加生姜片，每箱 100 克。

【治疗方法】 ①更换池水，同时开增氧机增氧。②降低放养密度，及时换水。③硫酸铜 0.3 克 / 米^3，全池泼洒，以控制黏液发酵，缓解病情。

（二十）感 冒 病

【病因与病症】 该病是由于短时间内水温急剧变化引起的。如运输、放养或换水操作不当，使前后水温差大于 $5℃$，就会造成黄鳝感冒。发病黄鳝皮肤失去原有光泽，严重者呈休克状态，甚至造成苗种全部死亡。

【预防措施】 ①运输、放养或换水时，注意前后水温差不要超过 $3℃$。②换水使用井水或水库底层水时，要经过充分暴晒才能使用。③每次换水不可超过池水的1/3，综合状况好时或水体水质极度恶化时，可适当多换一些，但注水不可过急。④水泥池养殖黄鳝，下雨时最好用塑料薄膜覆盖鳝池，防止雨水直接进入池中。因为水泥池面积较小，水位浅，下雨容易造成水温骤变。

【治疗方法】　该病目前尚无有效的治疗方法，主要应通过加强饲养管理来控制病情发展。①适当换水，调节好水质。②多投喂新鲜适口饲料，适当投喂一些青饲料，增强黄鳝体质。③在饲料中添加一些维生素C等，提高黄鳝抗应激能力。

黄鳝患感冒后可能引发其他疾病，因此发病鳝池应仔细检查黄鳝的鳃部，如果黄鳝鳃部受损，则应尽快捕捞销售，以免造成更大的损失。

（二十一）旋 转 病

【病因与病症】　该病又叫痉挛病。发病季节为春末夏初，密养、多腐草、水质恶化的鳝池多发。过去认为是病鳝肠道中有棘头虫或线虫寄生引起。最近，已从病鳝脑中分离到细菌，人工感染能重复症状，细菌种类尚有待鉴定。也有人认为主要是鳝苗刚下箱后，由于天气、环境等突变造成鳝苗应激反应强烈，体质降低，生理代谢紊乱，影响黏液分泌，使鳝苗体表的皮肤失去抵抗力，导致病毒侵袭感染而发病。

病鳝无食欲，头部扭曲，随之鳝体顺着头部方向以"O"或"S"状旋转挣扎，尤其受惊动时明显狂窜或打转。鳝体比较僵硬，用手触动，体部可以短暂伸直，但很快恢复蜷曲姿态，头部和尾部断续出现痉挛现象。体表没有明显外伤、溃烂，黏液少或无黏液。剖检除肠道内空无食物或轻度充血外，无明显异样，心脏略增大，肝脏变黑。病情严重者 2～3 天后死亡，死亡率达 10%～20%。病程长者可数月不死。

【预防措施】 ①在运输中保持水温稳定及水环境优良。②运输容器内放几尾泥鳅，防治黄鳝相互缠绕，可有效预防此病的发生。③将维生素 C、复合多维等拌入饵料中投喂，以降低应激反应。

【治疗方法】 ①病鳝单独用浅水处理；全池泼洒生石灰，改善酸性环境；设置鱼巢，减少光和人为的干扰刺激。②根据有的病鳝早期能够摄食的特点，在饲料中增加维生素的含量。③患病网箱或池塘可在箱内外或全池泼洒速健 V_9 0.3 克 / 米^3 水体，然后在患病网箱内泼洒植物抗毒 C10 毫升 / 箱。

第八章
黄鳝的捕捞、暂养和运输

一、黄鳝的捕捞

(一)笼捕法

鳝笼用竹子劈成的竹篾编成,也可以用白蜡条晾干后编制。鳝笼像个圆筒从中间折断呈直角。前面敞口的一段是前笼身,后面封口的一段是后笼身,后笼身后口用笼帽封住,前笼身的口有一个"八"字形倒须,在前后笼身相连的地方有两个"八"字形倒须。后笼身与笼帽用帽签插在一起(图8-1)。帽签可供穿蚯蚓用,引诱黄鳝入笼。鳝

图 8-1 鳝笼

笼有大有小，长度、粗度都不一定，可以根据捕鳝的地方不同确定使用。

放置鳝笼要在傍晚，在池塘、稻田的浅水边上，水深不超过 35 厘米处。在帽签上穿上蚯蚓或蚌肉，将前笼身平放在水底，用石头压住，后笼身上翘，笼帽露出水面 10 厘米，以免进笼的黄鳝因为呼吸不到空气而闷死。几个鳝笼排成一排，前后间距 5～10 米，一个人能管理 60 多个鳝笼。几天后，提起鳝笼收鳝即可。

（二）诱 捕 法

诱捕黄鳝用竹篓，口径在 20 厘米左右，竹篓口用两层纱布包住，在纱布中心开一个直径 4 厘米的圆洞，在洞口缝一个 10 厘米长的布筒，两端开口，垂向篓内。两层纱布中间放鲜蚯蚓、河蚌肉或小泥鳅，作为诱饵（图 8-2）。

这种方法适宜在微流水的地方捕鳝最好。傍晚，在有黄鳝的水沟、稻田、池塘边浅水处放下竹篓，让其横躺，

图 8-2　捕鳝竹篓

竹篓口顺着水流方向，底部稍埋在泥中，纱布洞口稍高于水底，竹篓上部刚刚露出水面。黄鳝出洞觅食时，闻到蚯蚓或泥鳅的味道，就会被引诱钻入竹篓中，由于长布筒挡着，钻不出来。第二天，即可以收鳝。有时一篓一夜可以捉到数十条黄鳝。为了使诱捕效果更好，可将菜籽饼或菜籽炒香碾碎，拌在用少许白酒焙香了的蚯蚓里面做饵，其香味对黄鳝很有诱惑力。

（三）抄 捕 法

抄捕黄鳝就是利用黄鳝喜欢在草堆下潜居的习性捕鳝。可以用三角抄网，也可以用普通网片。三角抄网呈三角形，由网身和网架构成。网身长 2.5 米，前口宽 2.3 米，后口宽 0.8 米，中央浅囊状，网身由细目网片制成（图 8-3）。

这种方法适合在湖泊、池塘、沟渠使用。先用各种水

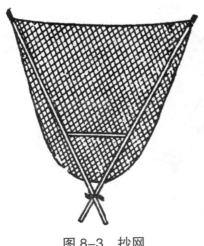

图 8-3　抄网

草在浅水处堆成草窝，这样就会有黄鳝慢慢聚集在草下活动。3～4天后，用三角抄网伸入草下，缓缓铲起，连草带黄鳝一起抄入网中。拣出水草，黄鳝即落在网中。拣出的水草还要堆成草窝，放在浅水中，继续引诱黄鳝进草窝。这种方法在大雨过后捕捞效果更好。

在稻田中抄捕操作相对简单。捕捞前一天将田水慢慢放干，让田面晒硬，这样大多数黄鳝就会集中在沟、凼中，用抄网直接抄起就行。这种方法一般用于最后出塘上市捕捞，多在晚秋进行。

（四）照 捕 法

此法操作简单，就是利用黄鳝晚上出洞觅食，又惧怕强光的特点。在晚上，一人持手电筒，一人拿鳝夹，在水田、沟渠浅水处仔细寻找黄鳝。发现后，用手电筒照住黄鳝头部，黄鳝就会静躺水底，一动也不动，另一个人很容易地就用鳝夹夹起，放入竹篓里。

鳝夹是用长1米、宽4厘米的两片毛竹片做成，毛竹片一侧刻成圆滑的锯齿形，然后在距一端30厘米的竹片中心打一孔，穿入粗铁丝，将两片毛竹片绑在一起，成剪刀状（图8-4）。

图8-4 鳝夹

（五）钓 捕 法

钓黄鳝要用钓竿，钓竿有软钩钓竿和硬钩钓竿两种。软钩钓竿用普通鱼钩，钩柄绑在尼龙线上，线长1米，线另一端系在结实的竹竿上（图8-5）。硬钩钓竿不用鱼钩，用自行车辐条或伞骨，一头磨尖，在火上烧红后弯成鱼钩形状，另一头直接绑在竹竿上。

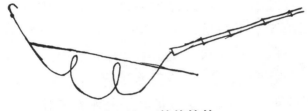

图 8-5　软钩钓竿

钓鳝要在4～9月间进行。钓黄鳝关键在找鳝洞。黄鳝洞常在浅水靠近岸边的地方，洞口圆形，较光滑，大小比黄鳝稍粗。在钓钩上穿上蚯蚓段，发现鳝洞就将蚯蚓放进去，黄鳝十分贪吃，发现蚯蚓就会一口吞下，往洞里拖。这时，如果感到手中钓竿一沉，赶紧往外拖竿，等黄鳝露出半边身子，另一手也要赶忙虚握拳头，伸出中指，卡住鳝体，两手配合，放入鳝笼，摘下钓钩。

钓黄鳝要在水质较好的水边找鳝洞。钓时用软钩不易探洞，但钓上后黄鳝不容易脱钩；而硬钩易探洞，却容易脱钩。可以将软钩的鱼钩柄用橡皮筋绑在钢丝上，做成软硬钩钓黄鳝。探洞时用钢丝带钓钩探洞，一旦黄鳝吞饵，马上放开钢丝，成为软钩，使黄鳝不易脱钩。

（六）迫聚法

迫聚法捕鳝就是在黄鳝栖息水域的大部分地方洒上药物，刺激黄鳝，让它只能逃到无药的一小块地方里，从而集中捕捞，简称迫捕。

迫捕用的药物有茶籽饼、巴豆和辣椒。茶籽饼含皂苷碱，对水生动物有一定毒性，量大了会杀死水生动物，量少了能让其逃窜。先将茶籽饼用急火烤热、碾碎，然后按每亩水田用5千克的量，装入桶中用沸水5升浸泡1小时备用。巴豆的药性更强，每亩水田用250克，事先粉碎，调成糊状，用的时候再加15升水稀释，用喷雾器喷洒。辣椒要选最辣的七星椒、朝天椒，用开水泡1次，过滤后再泡1次，取两次过滤的水，用喷雾器喷洒，每亩水田用滤液5升。

迫捕法可分静水迫捕和流水迫捕两种作业。静水法一般用于不宜排灌的稻田。事先将高出水面的泥滩耙平，在田的四周，每隔10米堆一撮泥，低于水面5厘米，泥堆上放一个有框的网或有底的浅箩筐，网上或箩筐上再堆泥，高出水面15厘米。然后在田中洒药，黄鳝感到不适后，就会向田边游去，碰到水泥堆后，就钻进去。当黄鳝全部入泥后，就可以提网捕捉。这种方法一般在傍晚洒药，第二天早晨提网。

流水迫捕法用于能排灌的稻田。先在进水口处做两条长50厘米的泥埂，两埂间距20～30厘米，形成一条短渠，一端连在进水口上。这样水必须通过短渠才能进入稻田。

在进水口对侧的田埂上开 2～3 处出水口。将药物洒在田中，用耙子在田中拖耙一遍，逼迫黄鳝出逃。如果田里有作物不能耙时，打开进水口，使水在整个田中流动，此时黄鳝就会逆水游入短渠中，即可捕捉。

（七）草垫诱捕法

草垫诱捕黄鳝一般在秋冬季清池上市时采用。事行将当年收割的稻草和一些草垫子用 5% 石灰液浸泡一昼夜消毒，然后用清水冲洗干净，晾 2 天备用，当水温降至 13℃以下时，将鳝池水逐渐放浅至 6～10 厘米，当温度降至 10℃以下时，彻底放干池水。干池前，在鳝池四周的底泥上面铺一层草垫，撒上 5 厘米厚的消毒稻草，再铺上第二层草垫。彻底放干水后，再在上面铺 10 厘米厚的干稻草。将大部分的鳝池泥埂、底泥裸露在冷风中，这样稻草层中的温度高于泥层，就能有效地将黄鳝引到草下或两层草垫之间。

收黄鳝时，不要一次性揭去稻草，收多少揭多少。揭草时，先在旁边铺一层塑料薄膜，再揭去稻草，如果湿草中藏鳝较多，可将湿草垫一起移至塑料薄膜上进行清理，同时将泥面上的黄鳝用小抄网捞起来。

二、黄鳝的暂养和运输

（一）黄鳝的暂养

黄鳝生命力强，能吞咽呼吸空气中的氧气，活鱼运输并不困难，但是黄鳝体表有丰富的黏液，如果高密度运输，大量黏液脱落，会引起黏液发酵，水温升高，水质恶化，最后导致死亡。另外，如果黄鳝体内有残食、粪便，也容易造成运输事故，因此长途运输前有必要暂养1～2天。

暂养黄鳝可以用网箱、水桶、水缸、水泥池等容器。其中以网箱最为便捷有效（图8-6）。暂养不能使用盛过油类而没有洗干净的容器。

1. 网箱暂养　网箱网目以不逃鳝为标准，网箱大小根据黄鳝多少而定。网箱顶部加网盖，防止黄鳝逃逸。网箱设在池塘进水口附近或河道、水库浅水处有微流水的地方，能及时清除黄鳝排出的黏液和粪便。箱内放置水葫芦或水花生。暂养不能超过72小时，暂养期间要不断观察，捞出水面浮沫、污物。每隔12小时，在水中投放1次青霉素，用量为每立方米水体25万单位。暂养期间不投饵。

2. 水缸、水桶暂养　在水温25～30℃时，黄鳝暂养量和加水量之比是1∶1，就是说如果1只水桶能盛50升水，就可以放20千克黄鳝，加入20升水，不要盛满，以免逃鳝。刚放入黄鳝时，由于黄鳝身上有很多污物、黏液，所以要不断换水，每半小时1次，换3～4次污物基本洗掉后，每隔4～6小时换水1次。每隔2小时，用手沿桶或缸边伸入缸底，翻动黄鳝1次，防止底层鳝鱼长时间受挤压而窒息死亡。最好在水桶、水缸上设一个进水小口和一个排水小口，能一面进水，一面排水。暂养最好不要超过72小时。暂养期间不投饵。

3. 水泥池暂养　水泥池宜保持水深20厘米，每平方

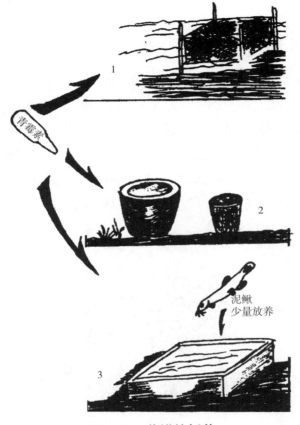

图 8-6 黄鳝的暂养

1. 网箱暂养 2. 水缸、水桶暂养 3. 水泥池暂养

米放黄鳝 20 千克，并在池内放少量泥鳅，泥鳅上下蹿动，避免黄鳝相互缠绕。每天换水 1 次，每隔 12 小时，在池内投放青霉素 1 次，用量为每立方米水体 30 万单位。暂养期间不投饵。

（二）黄鳝的运输

1. 常用运输容器　黄鳝离水后能用口咽腔呼吸空气，离水后只要皮肤保持湿润就能存活较长时间，所以既能干运，又能水运。运输的容器多种多样。

（1）**竹篓**　用竹篾编成，形状上圆下方，内用绵纸桐油粘贴，以防漏水（图 8-7）。竹篓可大可小，南方市场有售但耐用性差，容易损坏。北方很少用它运输黄鳝。如果在竹篓内侧挂油布袋，运输中不易破损。

图 8-7　运鳝竹篓

（2）**桶**　木桶、铁桶、塑料桶均可，可干运也可水运。缺点是深度较大，底层黄鳝容易受挤压而窒息死亡。

（3）**蛇皮袋**　目前使用较普遍，它透气性好，成本低，是干运黄鳝的好器具。不过蛇皮袋升温快，运输时最好用塑料袋装一些冰，放在几个蛇皮袋中间，防止升温过快。

（4）**铁皮箱或集装箱**　自制的铁皮箱和装鸡蛋用的塑

料集装箱都是干运黄鳝的好工具。先在箱底铺上一层厚厚的湿润的水草，以利于鳝体保持湿润，再放上黄鳝，黄鳝装载量不宜过大，一般堆装厚度为4～5厘米。几个或十几个箱子叠起来绑在一起运输。有条件的最好在最上面绑一只装冰块的箱子，既利于保持低温，融化的水滴下来又能保持箱内鳝体湿度。

（5）**活鱼运输车**　这是长途运输活鱼的专用车辆，车上有充氧装置。运输黄鳝时，既要能使黄鳝头伸出水面吞吸空气，还要做好防逃。

2. 运输注意事项

第一，黄鳝运输前一定要暂养。因为黄鳝刚捕上来，身上有很多污物，体内也有残食和粪便，这些东西在运输过程中，无论是干运，还是水运，都会影响黄鳝的呼吸，增大耗氧量，增加死亡率，因此必须暂养1～2天。

第二，运输密度要适宜。无论用哪种器具，用什么方法运输，密度都不要过大，一般要求不超过20厘米的堆积高度。具体装载量根据实际运输情况而定，水温低，运输距离短，可多放；反之，则少放。铁皮箱每箱可装黄鳝15～20千克，竹篓每篓可放25～30千克（高77厘米，上口直径90厘米，下边长77厘米的大篓），市售蛇皮袋可装袋容量的1/3～1/2，塑料袋装袋容量的1/2。

第三，保持适当水量。干运时只要保持鳝体湿润就行，路途长时，有必要中途停车淋水。水运时水不能过多，否则会造成黄鳝呼吸困难，影响成活率，也会增加运输量，因此加水量只需与黄鳝齐平或稍高就行。有条件时，中途要换水 1～2 次。

第四，注意防逃。黄鳝在运输过程中会发生逃逸现象，因此，要在容器上加罩。罩可以用窗纱或细目网布做成。

第五，运输管理要精细。运输宜在春秋季进行。夏季高温时节不宜运输，冬季也不宜运输，容易造成冻伤。若一定要在夏季运输，要选在清晨天气凉爽时进行，还要注意用冰块降温。集装箱干运可以将装黄鳝的箱叠绑在一起，最上面放一个空箱，装上冰块；用蛇皮袋运，可以用塑料薄膜包好冰块，放在几个蛇皮袋中间；铁皮箱运，就在每个铁皮箱内放几块用塑料薄膜包好的冰块。启运前要备足一切物品，如水、冰块、充氧泵等，运输过程中，一定要经常检查，发现异常情况，马上采取措施。

每个运输容器内放几尾泥鳅，防止黄鳝互相缠绕；在运输用的水中每立方米投放 1 万单位青霉素，均可提高黄鳝的运输成活率。

参考文献

［1］王武. 鱼类增养殖学［M］. 北京：中国农业出版社，2000.

［2］丁雷，焦洪超. 农家养黄鳝100问［M］. 北京：金盾出版社，2009.

［3］曾双明. 黄鳝泥鳅安全生产技术指南［M］. 北京：中国农业出版社，2012.

［4］黄辩非. 黄鳝的半人工繁殖与苗种培育技术［J］. 科学养鱼，2009（9）：6-7.

［5］杨代勤，等. 3个品系黄鳝的繁殖力比较研究［J］. 水生态学杂志. 2009，2（4）：133-135.

［6］杨代勤，等. 黄鳝人工繁殖技术的初步研究［J］. 中国商办工业. 1999（10）：44-45.

［7］邴旭文. 黄鳝生态繁殖及养殖技术［J］. 科学养鱼，2007（11）：12-13.

［8］毕庶万，等. 黄鳝生物学和增养殖技术［J］. 现代渔业信息，1998，13（5）：16-19.

［9］王建美，等. 黄鳝生态繁殖试验［J］. 科学养鱼，2004（3）：33.

[10] 董元凯, 等. 黄鳝人工繁殖的研究 [J]. 水利渔业, 1989 (5): 46-48.

[11] 罗实亚, 等. 黄鳝的人工生态养殖 [J]. 养殖技术顾问, 2012 (8): 242-243.

[12] 范富昌, 等. 池塘网箱养殖黄鳝技术总结 [J]. 水产养殖, 2010 (6): 20.

[13] 洪生. 黄鳝、泥鳅套养效益好 [J]. 农家顾问, 2012 (4): 50.

[14] 罗法刚. 黄鳝网箱标准化养殖技术 [J]. 现代农业科技, 2012 (13): 280-282.

[15] 程国华, 等. 静水无土生态养殖黄鳝技术 [J]. 江西水产科技, 2012 (2): 30-31.

[16] 陈彤. 黄粉虫养殖与利用 [M]. 北京: 金盾出版社, 2000.

[17] 何凤琴, 等. 蝇蛆养殖与利用技术 [M]. 北京: 金盾出版社, 2006.

[18] 黄琪琰, 等. 鱼病学 [M]. 上海: 上海科学技术出版社, 1983.